岩波科学ライブラリー 294

追いつめられる海

井田徹治

岩波書店

はじめに

美しいブルーを背景に、絵の具を気ままに散らしたようなさまざまな形の白い雲、その下にのぞく茶色い大陸――。二〇一五年一二月、米航空宇宙局（NASA）は月の周囲を回る人工衛星が撮影した「月の大地からの地球の出」の画像を公開した。その画像は、われわれが暮らす地球の表面の多くが美しいブルーの海に覆われていることを改めて教えてくれる。地球の表面の三分の二を覆う海の存在ゆえに、地球は青く、美しい（**写真1**）。

写真1　米航空宇宙局(NASA)の月探査機が撮影した「地球の出」の画像．Credit: *NASA/Goddard/Arizona State University.*

地球の物質循環を担い、多数の生物を養う海は、多くの人々に食料を与えてくれるほか、重要な生態系サービスをもたらす。

「水の惑星」と呼ばれる地球上の水の九七％は海水で、体積にして一三億七〇〇〇万立方キロ。最も深い場所は水深一万メートルを超え、地上で最も高い山をひっくり返しても及ばない。

だが、今や人間の活動は、この広大な海の姿を変えるまでに大きくなり、海の環境はいくつもの危機に直面している。

大気中の二酸化炭素濃度の上昇が、海水の温度を上げ、「海の熱波」と呼ばれるような現象が頻発するようになった。海水の酸性度も上昇を続けている。乱獲によって多くの魚の数が急減した。大量の使い捨てプラスチックごみが海岸を埋め尽くし、汚染ははるか外洋にまで及んでいる。富栄養化や化学物質による汚染も深刻だ。

環境問題の取材をライフワークとする記者として各地で見てきた「海の危機」の姿や最新の研究成果を紹介しながらわれわれの暮らしになくてはならない海の環境問題を改めて考えようというのが本書の目的だ。

目次

序章　海を追いつめる人間活動

離島に迫る温暖化の危機・ガラパゴス（エクアドル）

晴れ渡った空の下、真っ青な海に浮かんだゴムボートから、ごみ一つない砂浜に足を踏み入れた瞬間、人々は、ここが地球上に残された数少ない野生生物の楽園であることを知る。砂浜のあちこちに寝そべり、ものうげに時々目を開けて周囲を見回す巨大なアシカ、真っ白な体に海のように真っ青な足をしたアオアシカツオドリの雄が木の枝をくわえてきては雌に渡すのは彼らの求婚の仕草だ。遠くからカッカッという鋭い音が聞こえてくる。絶滅が心配されるガラパゴスアホウドリのペアが大きく黄色いくちばしをぶつけ合う姿が見える。これも彼らの求婚の仕草だ――。二〇一八年一一月、筆者は野生生物保護活動の取材のため、南米エクアドル沖のガラパゴス諸島にいた。

南米大陸から約一〇〇〇キロも離れ、人間活動の影響が比較的少なく、一度も大陸とつながったことがないガラパゴス諸島には多くの固有種が息づく。一時はネコやヤギなどの外来種によって極端に数が減ったリクイグアナは、長年にわたる外来種駆除作業の結果、数を増やしつつある。大航海時代から大量に捕殺され、島によっては絶滅してしまったガラパゴスゾウガメも人工ふ化と野生復帰が成功し、絶滅の危機は薄らぎつつある(**写真2**)。個体数が一二〇〇羽にまで減り、絶滅が心配される北半球唯一のペンギン、ガラパゴスペンギンも姿を見せてくれた(**写真3**)。

写真2　ガラパゴスゾウガメ．2018年11月，筆者撮影．

写真3　ガラパゴスペンギン．2018年11月，筆者撮影．

環境保全と地域の発展の両立を目指す観光業「エコツーリズム」の成功例として、ガラパゴスの野生生物保護は世界のモデルの一つとなりつつある。

だが、外来種や乱獲、生息地の破壊などによって傷ついた野生に今、地球温暖化という新たな危機が迫っている。

ガラパゴスで三〇年以上、「ナチュラリスト」と呼ばれる公認ガイドとして働くシンディ・マニングさんは「三〇年前と今ではここの気候はすっかり変わった。雨の降り方が予測できなくなり、大雨や大干ばつの頻度が増している。海水温度も上がっているし、温暖化はガラパゴスの生態系にとって最大の脅威だ」と懸念する。過去にないような大雨が降って土砂崩れが起き、ゾウガメの卵が流されることも増えているという。

もう一人のナチュラリスト、ソクラテス・トマラさんも「海水温度が上昇し、海鳥の餌になる魚が減るなど、温暖化の影響は差し迫っている。そしてここで起こっていることは、世界の至る所で起こっているんだ」と語る。ソクラテスさんは、同行した観光客に「ガラパゴスでの体験を忘れずに、自分の国へ帰ったら、そこの自然を守る努力をしてほしい」と呼び掛けた。

ガラパゴス諸島は赤道をまたいでその北と南に位置する多くの島から成る。この海域はエクアドル沖の海面水温が平年より高くなり、その状態が一年程度続く「エルニーニョ」と、逆に、同じ海域で海面水温が平年より低い状態が続く「ラニーニャ」の影響を強く受ける。

研究者によると、近年、エルニーニョとラニーニャの規模がいずれも大きくなり、極端な高温と極端な低温に襲われるようになった。「ガラパゴス諸島は赤道直下にありながら、寒流のフンボルト海流が流れてくるうえ、西側には海の深い部分を流れるクロムウェル海流という冷たい水がわき上がってくる場所があるため、水温は比較的低く、低水温を好む海藻が繁茂している。これがウミイグアナなどの餌になっているのだが、近年、高い水温が続くようになったため海藻が減り、ウミイグアナの生育が悪くなっている」。環境保護団体の研究者がこう解説してくれた。食物連鎖の基礎になる海藻などの変化によって海鳥の餌になる小さな魚が減っているとのデータもあり、生態系全体への影響が心配されるという。

再びボートに乗り込んで、沖合で待つホテル代わりの客船に向かう。通りかかった崖の上には、愛嬌がある仕草のガラパゴスペンギンが数羽集まっているのが見えた。「数が増えている、という研究者もいるが、僕はそうは思わない。地球上にわずか一二〇〇羽しかいないのだから、彼らが置かれた状況の厳しさが理解できるだろう」とソクラテスさんが言う。「次回この島を訪れた時、果たしてペンギンの姿を見ることができるだろうか」。そう思わずにはいられない言葉だった。

積み重なる危機

近年、世界中の海でさまざまな環境異変が報告されるようになってきた。人間活動が存在する陸地から遠く離れたガラパゴス諸島も例外ではない。

人間が生きるための食料など多くの恵みをもたらしてくれる海の環境は今、人間活動が原因で引き起こされる数多くの危機に直面している。

最も深刻な危機の一つは、人間が大量に排出する温室効果ガスが招く気候変動（地球温暖化）が海に与えるさまざまな悪影響だ。海が熱を吸収するために海水の温度は上昇傾向にあり、冷たい水を好む生物にとって海はどんどんすみにくくなっている。彼らは冷たい海水を求めて、その分布域を高緯度方向に移さなければならなくなっている。

海水温が高くなることが原因で、サンゴに共生して光合成を行う藻類がサンゴから抜け出し、サンゴが真っ白く変色する「白化」という現象が、日本をはじめとする世界各地の海から報告されている。

人間が放出した大量の二酸化炭素の一部が海に吸収されることで、海の水の酸性度が高くなる「海洋酸性化」も海の生態系にとっては大きな脅威だ。

窒素やリンなど農業活動由来の物質による海の富栄養化は今でも進んでいる。これまでも陸上から海に流れ込むさまざまな物質による海洋汚染は問題視されてきたが、最近では海に大量の使い捨てプラスチックごみが流れ込んでいることが確認され、新たな地球規模の環境問題になっている。環境中で分解されることがない石油由来のプラスチックは、波や太陽の紫外線などによって細かくなり、直径五ミリ以下の「マイクロプラスチック」という微粒子となり、赤道域から極地の海まで、浅い海から水深一万メートルを超す深海に暮らす生物の体までを汚染していることが分かってきた。プラスチックは海に蓄積し続け、二〇五〇年にはその重さが、海にいる魚の総重量よりも多くなる、との試算まで示されている。

マグロやサメなどの乱獲も深刻だ。人口が増え、海の魚への需要が増えるのを背景に多くの魚で乱獲が深刻化して、クロマグロやある種のサメ、マンボウ、タツノオトシゴなど多くの海の漁業対象種の生物が、絶滅危惧種とされるまでになってしまっている。

広大な海には取り尽くせないほど多くの魚がいる、と思っているうちに、漁業資源は急減し、広大な海にならごみを捨ててもなんとかなるだろう、と思っているうちに、プラスチックごみによる海洋汚染が世界の沿岸域を窒息させつつある。人間が大量に放出した二酸化炭素は、大量の海水の酸性度を変えてしまうまでになっている。

一方で、海の環境や生態系を守る取り組みは、極めて部分的で頼りない。海の環境を総合的に守り、持続可能な形で利用してゆくための国際的な枠組みはないに等しい。特に、各国の二〇〇カイリの「排他的経済水域（EEZ）」に比べて面積で約二倍、海水の体積にすれば一〇倍以上ある「公海」での取り組みは非常に手薄だ。

国連では今、どこの国の主権も及ばない公海の生物多様性を守るための新たな国際協定づくりの議論が進んでいるが、各国の利害は複雑で、交渉は難航している。

多くの恵みをもたらしてくれる海の環境破壊に歯止めをかけ、将来にわたって末永く持続的な形で海を利用していくようにすることは、今の人類社会にとって喫緊の課題になっている。温暖化、海洋酸性化、プラスチックごみなど人間によって追いつめられる海の危機的な姿を見ていこう。第1章は、地球温暖化がもたらす海の危機がテーマだ。

1 海の熱波の恐怖——高くなる海水温

水没におびえる住民・モルディブ

明るい茶色の砂浜を波が静かに洗い、暖かく湿った風が緑のヤシの葉を揺らす。インド洋の島国、モルディブ南部のラーム環礁の小島、マーメンドホーはこの国にある一二〇〇もの小さな島の一つだ。

「昔はこの先までずっと砂浜が広がっていて、カニや魚を追いかける子供たちの声であふれていた」と八一歳になるハッサン・アブーバクルさんが海を見つめながらつぶやく。二〇一七年の一一月、取材でラーム環礁を訪れた時のことだ。

「若いころはこの木に登ってヤシの実を取って売ればお金になったけど、もうできないな」と言う彼の足元には、根こそぎ倒れたり、傾いたりしたヤシの木が、壊れた大砲のように横たわっていた(写真4)。

「この島で一番海抜が高い場所でも二メートルにもならない。このままではわれわれの

写真４　海岸が浸食され倒れたモルディブの海岸のヤシの木．海面上昇が原因だと指摘されている．2017 年 11 月，筆者撮影．

国土も文化も失われ、温暖化の最初の犠牲者になってしまう。みんな大声で助けを求めているのに、世界はなかなか耳を傾けてくれない」。島の住民の一人は、倒れたヤシの木が並ぶ浜辺で、大きな身ぶりと真剣な声で訴える。

　人間が大量に排出し続ける二酸化炭素などの温室効果ガスが引き起こす地球温暖化が海を暖める。海水の膨張や陸上の氷河の融解などによってもたらされるのが、海面の上昇だ。

　美しく静かな海は少しずつ、しかし確実に砂浜を飲み込み、わずかな土地をむしばんでいる。港湾などの沿岸開発で潮の流れが変わったことに加え、海面が年々、高くなっていることが原因だ。今後も続くと予想される海面上昇によってモルディブのような小さな島国は国土消失の危機に直面している。

　国土の水没の危機を国際社会に訴え、国の閣僚全員が潜水具を着けて海に潜って行う「水中閣議」を開くなどして、映画にもなったこの国の元大統領、モハメド・ナシード氏もマーメンドホーのハッサンさんが暮らす浜辺を訪れ、写真を撮影したことがある。

上昇する海面がこの島の人々にもたらす災厄は海岸の浸食だけではない。地下水に海水が入ってきて飲み水や農業用水に使えなくなる被害が増え、これまで経験したことがないような高潮にも襲われるようになってきた。

人々に多くの恵みをもたらしてきた海が今、その姿を変え、住民の暮らしを脅かすようになった。

「あんな高潮は経験したことがなかった。腰の高さまで水がきて、家の中は水浸しになり、食器や薬の瓶がプカプカと浮かんでいた」とサキーナ・アブーバクルさんが小さな声で話し始める。

電気も水道もない一〇畳ほどの狭い小屋。粗末な木のベッドと食卓、壊れかけた棚だけが彼女の家財だ。わずかな日々の糧を与えてくれる小さな畑の作物は、前年の八月にこの島を襲った高潮ですべてがだめになった。

「年々、日差しが強まり、暑くなっているので、苗を守るシートまで買って育てたのに……」。

「水に濡れて飲めなくならないように今は薬を棚の高い場所に置くようにしたんだ」とサキーナさん。慢性的な神経痛に苦しむ彼女が、忍び寄る脅威に対してできるのはこんなことしかない。

＊　＊　＊

海は人間が引き起こした地球温暖化によって大きく変わり始めた。温暖化に関する最新の科学的知見をまとめる国連の「気候変動に関する政府間パネル（ＩＰＣＣ）」によれば、今世紀末の海面は今より一・一メートル高くなるという（図1）。上昇する海面は人々の暮らしにとって大きなリスクとなっているが、温暖化が引き起こす海の異変は海面上昇だけではない。

二〇一九年九月、ＩＰＣＣは「変化する気候下での海洋・雪氷圏に関する特別報告書（ＳＲＯＣＣ）」を発表した。ＩＰＣＣが数年おきに発表している包括的な評価報告書とは別に、テーマを選んで比較的、短時間でまとめるのが特別報告書だ。ＩＰＣＣは、二〇一八年から一九年にかけて「一・五℃の気候変動に関する特別報告書」と「気候変動と土地に関する特別報告書」とを相次いで発表しており、これらは相互に関連する重要な指摘を含んでいる。

ＳＲＯＣＣが、雪氷圏、つまり南極や北極などの氷に覆われた地域や高山地帯の氷河などと海洋への影響を合わせて検討したのは、陸上の氷や氷河の動向が、海面上昇などを考えるうえで、非常に重要であるからだ。

異常な高温海域

ＩＰＣＣによれば、温室効果ガスの濃度の上昇によって地球にたまる熱の九〇％が海に取り込まれている。そのおかげで大気の温度上昇は低く抑えられているので、海は温暖化の影響を小さくすることに貢献しているといえる。だが、それは海水温度の上昇をもたらす。海水の温度は一九七〇年以降、上昇が続いており、しかもそのペースは一九九三年以降、二倍になっているという。

温室効果ガスの排出量の増加に歯止めがかからないと、二一〇〇年には海水温度は一九九六年から二〇〇五年の平均に比べ約三℃、最大だと四℃以上、高くなる可能性があるという。人間活動によって暖かくなる海について、近年、多くの研究者の注目を集めているものに「Marine Heat Wave」、つまり「海の熱波」と呼ばれる現象がある。

陸上の熱波はよく知られているが、海にも熱波があることが最近になって分かってきた。

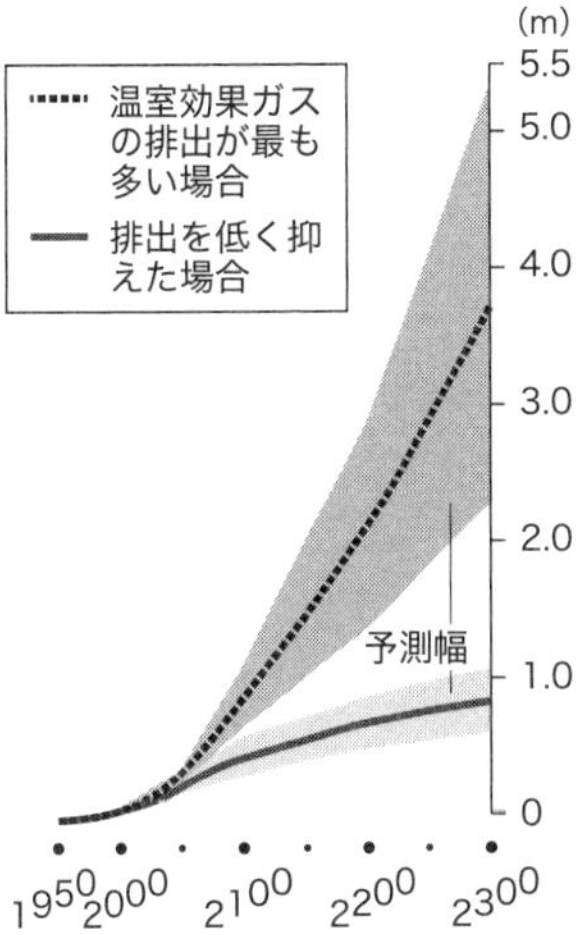

図１　海面上昇の過去の経過と将来予測．1986～2005 年の平均との比較．IPCC による．

海の熱波はまだ明確な定義がなされた現象とはいいがたいが、何千キロにもわたって水温が、通常の変動を大きく超えて異常に高くなる海域が生まれ、少なくとも数日間、時にはそれが数カ月も続く現象のことをいう。面積は時には一万平方キロに及び、一年以上続くこともある。一九八〇年代初めから

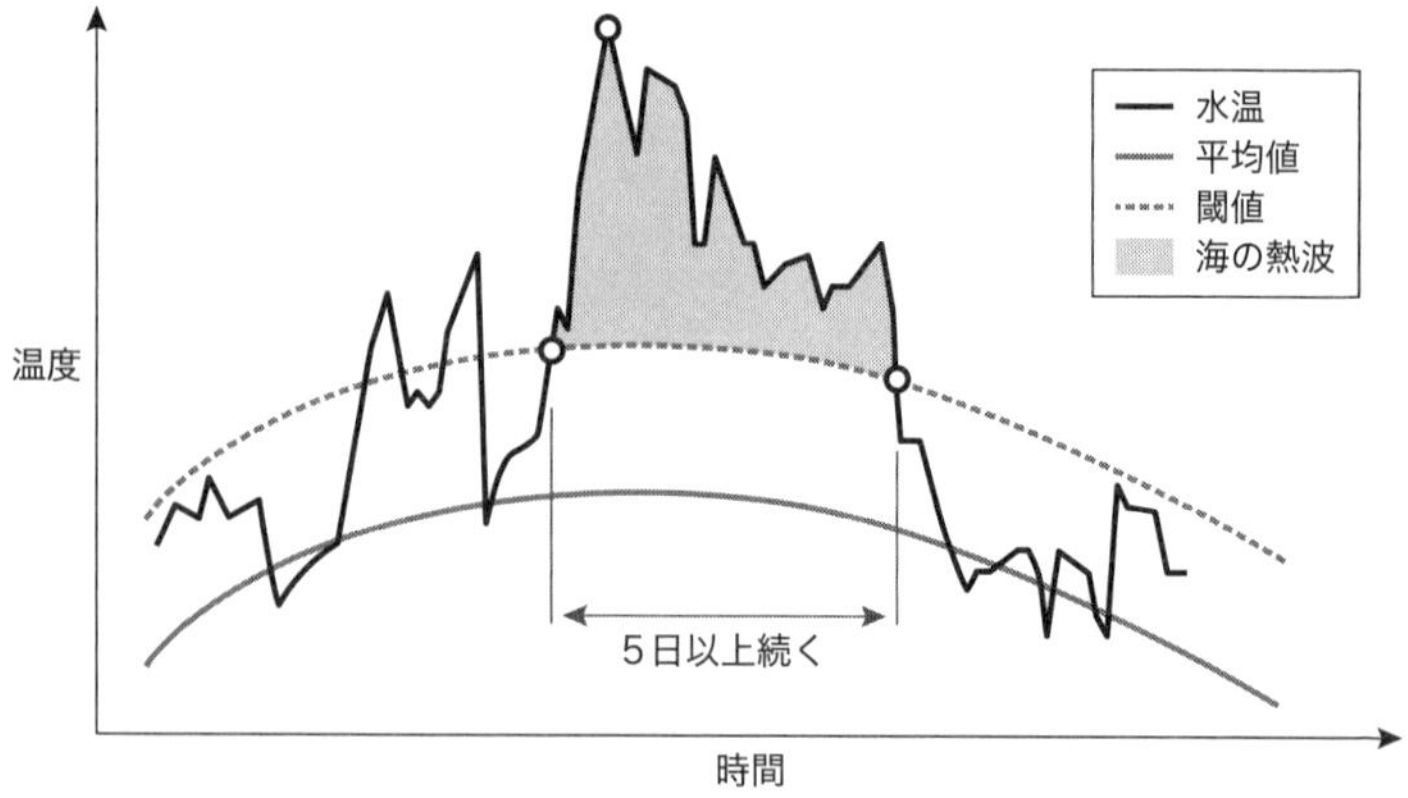

図２　海の熱波の概要図. The Marine Heatwaves International Working Group による.

世界各地の海で観測されるようになった。

最近では「その地域の海水温変動の上位九〇パーセンタイルを上回る高水温状態が少なくとも五日続く現象」と定義されるようになった(図２)。

よく知られている海の熱波は、二〇一四年から一六年にかけて米国西海岸のアラスカ湾からカナダ沖、米カリフォルニア州までの広い範囲にわたって発生したもので、これには「ブロブ」という名前まで付いている。米海洋大気局(ＮＯＡＡ)によると、平均水温が二・五℃高い状態が二二六日も続いたという。西海岸では、ある種の海藻の大量発生、カリフォルニアアシカやクジラの大量座礁死などが報告され、暖かい海を嫌ったサケが回遊してこなくなり、漁業にも大きな影響を与えた。日本の赤潮のような有毒な藻類が異常発生し、貝やカニの養殖が何カ月間も中止を余儀なくされた。高い海水温は陸上の気温にも影響を与えたという。

二〇〇三年に地中海で発生した海の熱波も有名だ。平年より四℃も高い水温が三〇日も続くという、この海域では過去に例がない状況だった。

スペインの研究者は、この海の熱波が、地中海北西部の広い範囲にわたって多種のサンゴやイソギンチャクが大量死する原因になったことを指摘、「温暖化が続くとこのような大量死が今後も繰り返され、地中海の生物多様性の危機をもたらすことになる」と警告している。

海の熱波はオーストラリア近海や大西洋などでも報告されている。

沖縄県の石垣島と西表島《いりおもてじま》の間に広がるサンゴ礁域である石西礁湖《せきせいしょうこ》は、東西約二五キロ、南北約二〇キロ以上の範囲に及ぶ、日本最大級の貴重なサンゴ礁域で、数百種類のサンゴが生息する。二〇一六年の夏、この石西礁湖で平年より海水温が一～二℃高い状況が長期間続き、多数のサンゴが白化したり、死んでしまったりした。この時の高温状況も海の熱波といえるのではないかとする研究者もいる。

カナダ・ダルハウジー大学などの研究グループは、地球規模の海水温度に関する人工衛星のデータなどを分析して、海の熱波と考えられる現象を地球規模で調べたところ、一九二五～一九五四年の間と、一九八七～二〇一六年の間とでは、海の熱波の発生頻度が三四％、継続日数が一七％増えており、結果的に海の熱波が起こっていた日数が五四％増えていることが分かったとの調査結果を二〇一八年に発表した。海の熱波の増加は、地球規模で進んでいる温暖化による平均海面温度の上昇傾向と相関関係にあることもデータで示された。

同じ年、スイス・ベルン大学などの研究グループは、海の熱波の発生と気候変動との関連を、コンピューターモデルを使って予測した結果を、英国の科学誌「ネイチャー」に発表した。それによると、世界のどこかで海の熱波が発生していた日数は、一九八二年から二〇一六年の間に、約二倍に増えていることが確認された。シミュレーションでは、温暖化が進行するのにつれて、海の熱波の発生頻度も高くなるとの結果が出た。研究グループは「今のペースで温室効果ガスの排出が続くと、今世紀末には海の熱波の発生頻度は四一倍になる可能性がある」と指摘している。こうなったときの海の熱波の面積は、平均で産業革命前より二一倍も大きく、一一二日間も続くという極めて大規模なものになるとの予測結果も得られた。

不可逆の影響も

現状の海の熱波でも、サンゴ礁や漁業、養殖業などに大きな影響が出ているのだから、温暖化が今のペースで進んだときに起こる海の熱波の影響が計り知れないものになることは想像に難くない。研究グループは「このときの影響は、海の多くの生物が適応できる範囲を超えてしまい、海の生態系に取り返しのつかない変化をもたらす可能性がある」と警告している。

既に述べてきたように、海の熱波は、海の生物や生態系に大きな影響を与えることが心配されている。影響を受けやすいのは、冷たい水を好む魚やサンゴ、そして米カリフォルニア州の「ケルプ」などの冷たい海を好む海藻だ。

オーストラリア西岸で二〇一一年に発生した海の熱波の後、森のようなケルプに覆われていた海が、小さな海藻の「草原」のように姿が一変したことが報告されている。このほかにも暖かい海を好む魚が増えたことや、ウニの生息域が大きく高緯度に広がったことなども報告されている。また、この時には養殖アワビの大量死なども起こり、地元の漁業にも大きな影響を与えた。

英国やオーストラリアなどの研究チームは二〇一九年四月、海の熱波が生物や生態系にどのような影響を与えるかを分析した研究成果を、科学誌「ネイチャー・クライメート・チェンジ」に発表。カリブ海のサンゴの白化の増加、オーストラリアのある種の海藻の密度の減少、米カリフォルニア州のケルプの量の減少などと海の熱波の日数との間に相関関係があり海の熱波は、サンゴやケルプなど、海の生態系の基礎をなす生物に悪影響を与える懸念があると指摘した。

この研究グループは、ケルプのような海藻の減少で海が吸収する二酸化炭素の量が減ることや、サンゴ礁などが減少し、観光業や魚の成長に悪影響を与えることなどを、海の熱波がもたらす影響としてあげ、海の熱波が頻発するようになると、海が人間にもたらしてくれる「生態系サービス」つまり自然の恵みが、減少してしまうと警告している。

海の熱波の研究はまだ始まったばかりで、海流や風も関連しているとみられるその生成メカニズムもよく分かっていない。だが、海の熱波が頻発するようになってきた近年の傾向の背景に、人間が引き起こした地球温暖化によって海がどんどん暖かくなっていることがある、というのは多くの研究者の一致した見方になってきた。二〇〇六年から二〇一五年までに発生した海の熱波の八四～九〇％は、人間が引き起こした温暖化が原因になっている可能性が高い、というのがＩＰＣＣの結論だ。

熱波多発の予測

ＩＰＣＣは、ＳＲＯＣＣの中で「一九八二年から二〇一六年の間に海の熱波の発生頻度が二倍になり、発生期間は長く、面積もその程度も大きくなっている可能性が非常に高い」とする一方で「今後、その頻度はさらに高くなるだろう」と予測している。

海の熱波が発生する可能性は、年々、大きくなっているとされる。ＮＯＡＡは二〇一九年九月、米国の西海岸で「二〇一四年の海の熱波「ブロブ」とそっくりの異常な海水の高温状態が観測されている」と発表した。ＮＯＡＡは世界的にもまだ少ない、海の熱波監視システムを充実させている。その観測によると、ブロブ同様、アラスカ州南部からカリフォルニア州にかけての広い海域で、二〇一九年の夏以降、平均を大きく上回る海水温が長期間にわたって観測されており、場所によっては平均を三℃以上上回る海域もある。その広さといい、高温の状況といい、二〇一四年のブロブそっくりだ。

「北東太平洋海洋熱波2019」の英語の頭文字を取って「NEP19」と名付けられたこの海の熱波は、五月ごろから始まり、観測史上過去四〇年間でブロブに次ぐ大きさの海の熱波となった。一一月になって高温域はやや小さくなって沖に移動し、二つに分かれるなど、ブロブほどの規模ではないものの依然として続いており、NOAAは監視を続けている。

地球温暖化によって激しくなる陸上の熱波が熱中症による死者を増やすように、海の熱波も、生態系や人間生活に大きな悪影響を及ぼし始めており、その脅威は今後、温暖化が進むにつれて、さらに大きくなりそうだ。IPCCによると、気候モデルによるシミュレーションでは、排出量の増加が極めて低く抑えられた場合でも二〇一八~二一〇〇年の間の海の熱波の発生頻度は、一八五〇~一九〇〇年の間に比べて二〇倍に増加、排出量増加に歯止めがかからないとした場合ではなんと五〇倍に、熱波の強度は一〇倍にも増えるとの結果も出ている。

ブロブが平均水温の比較的低い場所で起こったように、海の熱波は必ずしも熱帯域など海水温度の高い場所で起こるとは限らない。北極海は今後、海の熱波の頻度の増加が最も顕著になる海域の一つだ。サンゴなどの生物だけでなく、日本近海の漁業や養殖業、観光業なども、頻発する海の熱波という大きなリスクに直面することになる。

たまる大量の熱

海の熱波のような極端な現象ではなくとも、人為的な地球温暖化が原因でたまった熱の多くを海が吸収することによって海はどんどん暖かくなっている。海が暖かくなることは海面上昇の原因の一つとなり、台風やハリケーンなど熱帯低気圧の消長にも大きな影響を及ぼす。

「台風19号の被害が大きくなったのは、日本近海の海面が非常に高温だったことが大きい。二一〇〇年には（産業革命以来の）気温上昇が三℃にもなるといわれており、日本の周囲は大変なことになるだろう」――。二〇一九年一〇月、都内で開かれたシンポジウムで、ＳＲＯＣＣの主要執筆者の一人、東北大学の須賀利雄教授はこう指摘した。

ＩＰＣＣは、人間が引き起こした地球温暖化が、台風やハリケーンなどを強力なものにし、降水量が増える、風が強くなる、高潮がひどくなるといった事態を招いていることを指摘する。近年、カテゴリー4や5と呼ばれる巨大な熱帯の低気圧が発生する確率も増しているとみられる。日本近海の北西太平洋などで、海水温度が高くなった結果、強力な台風のエリアが北にシフトする傾向がみられる、との指摘も注目に値する。

日本の気象庁によると、台風19号が日本列島に接近、上陸した二〇一九年の一〇月一二、一三日ごろ、日本の太平洋岸の海面温度は二七℃と、平年より一～三℃高い状態が続き、通常、一〇月なら日本に接近するにつれて弱まる台風が、強い勢力を保ったまま上陸する一因になった。個別の現象を地球温暖化と結びつけることは難しいが、温暖化が進めば、今回のように巨大な台風に襲われるリスクが高まるというのが多くの専門家の意見だ。

高くなる海面

海面上昇は海水温度が高くなったときに、海水の体積が増えることが一因になっている。海に浮かぶ氷山が解けても海面は上昇しないが、南極大陸やグリーンランドの氷や山岳地帯の氷河が解けた水が海に流れ込めば、これも海面上昇の原因となる。最近の研究で、これらの陸上の氷の融解が海面上昇に及ぼす影響が、これまで考えられてきたよりも大きいことが分かり、海面上昇の予測は上方修正される傾向にある。

最新のＩＰＣＣのＳＲＯＣＣの予測では、今世紀末までの海面は一九八六～二〇〇五年の平均に比べて最大一・一メートル上昇するとされている。

これは一九九〇年に発表された最初の評価報告書の予測が六五センチだったことに比べればもちろん、二〇一四年に発表された最新の第五次評価報告書の「最大八四センチ」という予測に比べてもかなりの上方修正である。さらに注目されるのは、排出増が続いた場合、海面は年間一・五ミリから数ミリの範囲で長期間にわたって上昇を続け、二三〇〇年には最大で五・四メートルにもなるとの長期予測を初めて示したことだ。これには特に南極の氷床の崩壊が非常に激しくなることが大きく寄与している。一方で、排出量を低く抑えれば二三〇〇〇年の海面上昇は一メートル程度に抑えることもできるという。

このことは、現代の世代による化石燃料の大量使用が、数百年にわたって地球の環境に大きな変化をもたらしかねないものであることを示すと同時に、早い時期に大幅な排出削減を進めることがいかに重要かを示している。

海面上昇は沿岸に暮らす多くの人の水害などのリスクを高める。気候変動問題を専門にする米国のシンクタンクの研究グループが二〇一九年の一〇月に発表した調査結果によると、温室効果ガスの排出を小さく抑えた場合でも、土地の冠水や水害などの影響を受ける人の数が二一〇〇年には世界で一億九〇〇〇万人に上り、現在より八〇〇〇万人も増える。今のペースで排出量が増え続けた場合にはこの人口は、二〇五〇年には三億四〇〇〇万人、二一〇〇年には六億三〇〇〇万人にもなるという。研究グループは「海面上昇の影響で土地を失った多くの人が別の場所への移住を迫られることになり、各国が政治的に不安定になる危険性がある」と警告している。

増える災害

海面が高くなれば、沿岸域での高潮などの被害も大きくなることは容易に想像できる。大規模な高潮などは「極端な海面水位イベント」と呼ばれる。「今のレベルで温室効果ガスの排出が続けば、二〇五〇年には、現在は一〇〇年に一度程度の頻度で起こる大規模な高潮などのイベントが、毎年一回は起こるようになる」というのがＩＰＣＣの結論だ。これは既にわれわれが大気中に放出した温室効果ガスの影響によるところが大きく、排出量を大きく減らしたとしても、二〇五〇年ごろに起こるこのような状況を防ぐことは難しい、というのも注目すべき点だ（図３）。

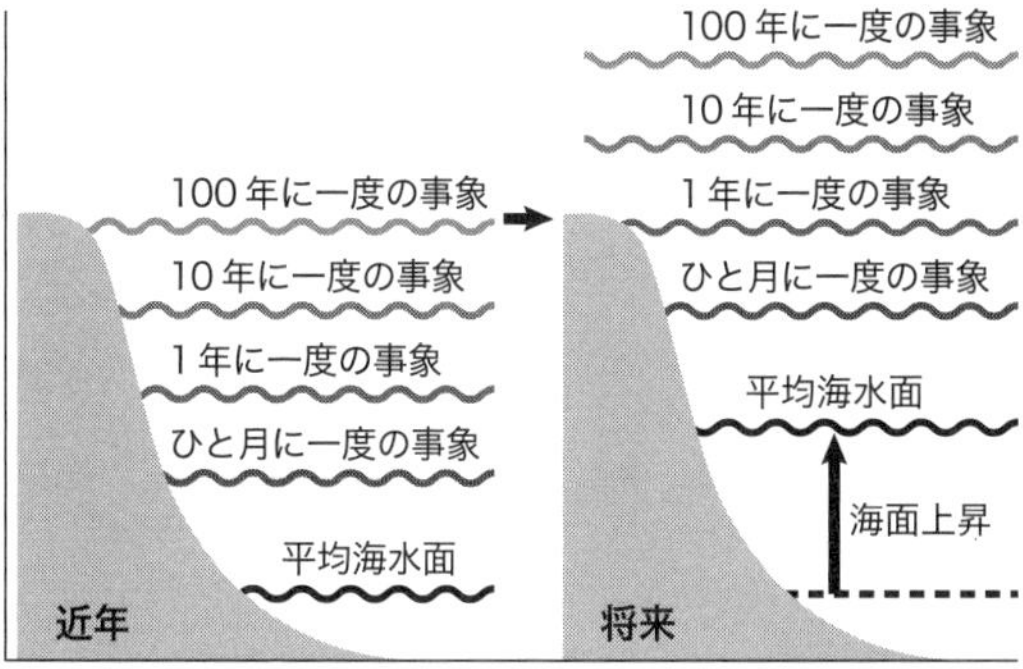

図３　海面が上昇することによって100年に一度の事象が毎年発生するようになる．IPCCによる．

二〇世紀を通じて世界の海面は平均で一五センチほど高くなったとされている。この結果、日本の一部や地中海沿岸、米国西海岸などの一部の地域では、既に、異常な高潮の発生頻度が極端に高くなっている場所もあるという。

「極端な海面水位イベント」は、沿岸に暮らす人々にとっての大きなリスクとなる。特にリスクが高いのは、ニューヨークや上海、東京、大阪など沿岸の大都市に暮らす人々である。ＳＲＯＣＣの執筆に関わった中国第三海洋研究所の蔡榕碩副主任は「日本の沿岸など東アジア地域は特に高潮のリスクが高い地域の一つだ」と指摘する。産業革命以来の気温上昇を一・五℃に抑えるレベルにまで温室効果ガスの排出量を減らしたとしても、高潮の発生確率は大きくなるという。ＩＰＣＣ第二作業部会の共同議長を務めるハンス・ポートナー博士も「高潮の頻度の増大など、日本も気候変動による海の変化の影響を最も多く受ける国の一つだ」と話す。

だが、高潮や暴風雨、海面上昇で最も大きな影響を受けるのは、対応能力が低い最貧国や国土が水没の危機にさらされるモルディブのような小さな島国の人々だ。これらの人々は、気温上昇を一・五℃程度に抑えた場合でも生存にかかわるような影響を受けることになるとみられている。

気温上昇が二℃を超えると、台風やハリケーン、サイクロンはさらに強力なものとなり、カテゴリー4や5という強力で激しい雨を伴う熱帯低気圧が発生する確率も増え、海面上昇によって台風などが来襲したときの高潮のリスクも極端に大きくなる。

われわれが既に身をもって体験している、過去に例がないような台風、ハリケーン、サイクロンなどの被害は、温暖化がますます進むこれからの世界では当たり前のものになってしまいそうだ。

世界気象機関（ＷＭＯ）によれば、大気中の二酸化炭素の世界平均濃度が二〇一八年に四〇七・八ｐｐｍ（一ｐｐｍは一〇〇万分の一）となり、前年に続き観測史上最高を更新した。二〇一七年に比べて二・三ｐｐｍ高く、上昇率は過去一〇年の平均を上回っている（図４）。

人間活動によって大きく変わりつつある海の環境は、やがて大きな災害の形でわれわれに

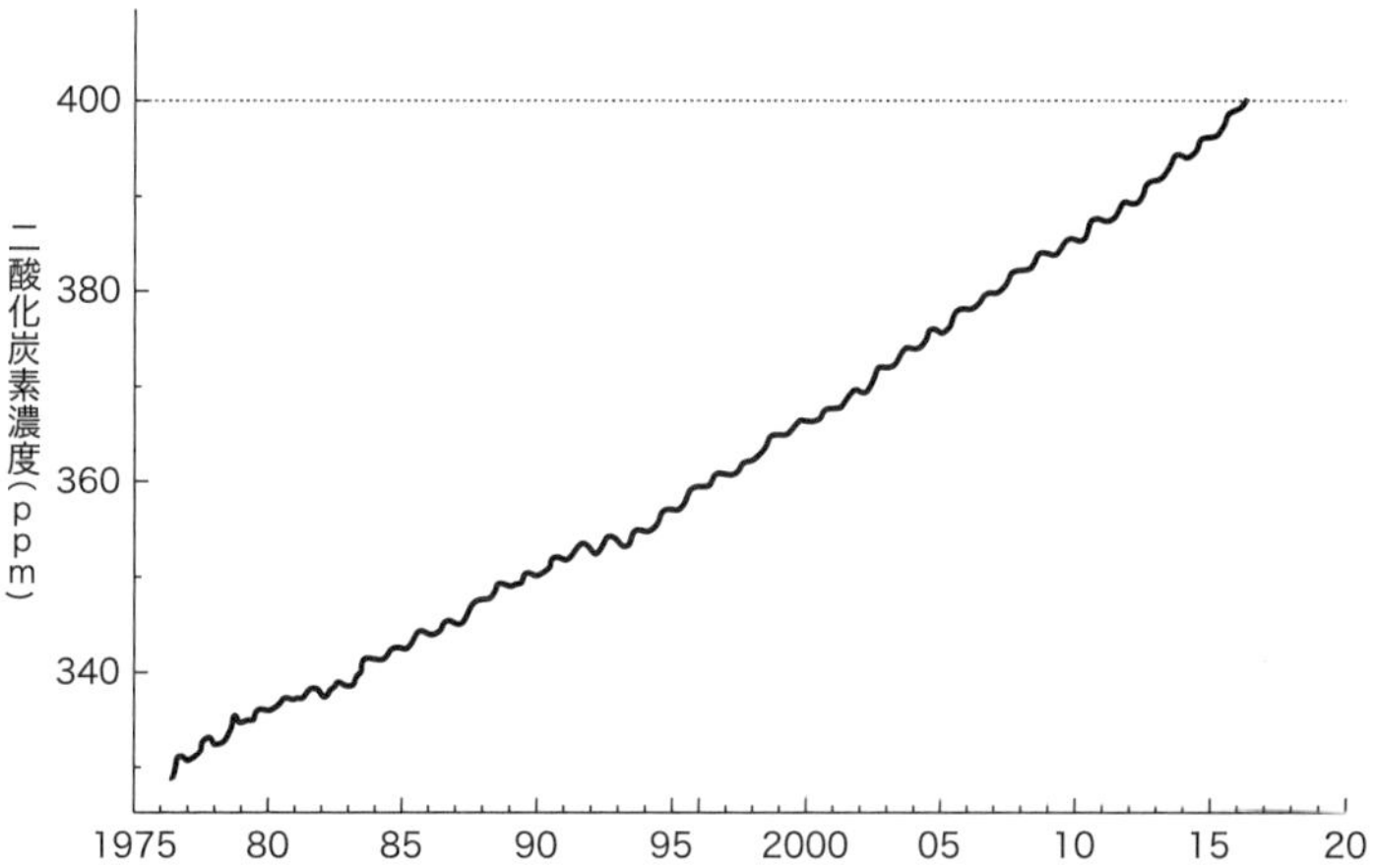

図4　大気中の二酸化炭素濃度の変化．WMOによる．

も及んでくる。今、人類は気候変動の大きなリスクに向かって突き進んでいるのだ。

被害は甚大

二〇一八年の西日本豪雨と熱中症による多くの死者を出した熱波の襲来、二〇一九年に東日本を襲い大きな被害を出した15号と19号という二つの台風などの背景には地球温暖化があると指摘されている。コンピューターシミュレーションの結果、日本の最高気温記録を更新した二〇一八年の熱波は、地球温暖化の影響を考慮しないならば、起こりえないものだったとの研究報告を国立環境研究所と東京大学などのグループが発表している。研究者の指摘を待つまでもなく、多くの日本人が、異常気象を「さらに異常な異常気象」にする地球温暖化のリスクが現実のものとなりつつあることを実感したはずだ。

毎年のように強力な台風や高潮に襲われ、沿岸の都市インフラや経済活動に大きな損害が生じる。近海では海の熱波が頻発して観光業や漁業に大きな打撃を与える。今のペースで温室効果ガスの排出増加が続いたときの姿としてIPCCが描く世界は、現実のものとなりつつある。「温室効果ガスの排出削減という行動をとらなかったときに生じるコスト」は、人命の損失を含めて膨大なものとなる。今、われわれはそんな社会の入り口に立っているのだ。

現在の排出削減には費用はかかるものの、行動しなかったときに結果としてもたらされるコストに比べれば、その金額は十分小さく、それゆえに、今、将来のために投資をする十分な根拠があると指摘する経済学者は少なくない。

きちんとした気象予報システムや防災システムを備え、高潮や暴風雨を防ぐためのインフラ投資をする経済力があるとはいえ、日本も本章の冒頭で紹介したモルディブと同じ島国である。そのことを忘れず、エネルギーシステムを大転換させることで、「二酸化炭素を出さない脱炭素社会」を一刻も早く実現するための取り組みを強めるべきだろう。

＊　＊　＊

かつてない速度で暖かくなる海は、さまざまな生物の暮らしや分布に大きな変化をもたらし、その結果、絶滅が懸念される生物まで出てくる可能性がある。暖かくなる海がもたらすもう一つの重要なことに、植物プランクトンが担う物質生産に与える影響がある。海の生物の食物連鎖や漁業の将来にも深く関わるこの問題については章を改めて紹介することにしたい。

さらに、大気中の二酸化炭素の上昇はもう一つ、海の環境に重大な影響をもたらす。海は温室効果ガスがもたらす過剰な熱の九〇％を吸収するだけでなく、二酸化炭素の二〇〜三〇％を吸収することによっても、気温の上昇を抑えている。だがその結果、海水に溶け込む炭酸の量が増え、海洋の酸性度が上昇するという現象をもたらす。これが「海洋酸性化」という現象だ。ＳＲＯＣＣは既に海洋の酸性度が徐々に高くなっており、このままでは酸性化はさらに進むだろうと指摘している。これについても後の章で詳しく見ていくことにする。

◆コラム　パリ協定と気温上昇

国際的な地球温暖化対策として二〇一五年に採択されたのが気候変動枠組み条約の「パリ協定」だ。先進国だけに温室効果ガスの削減義務を負わせた京都議定書と異なり、中国やインドなどの新興国を含むすべての国が自国の削減目標を提出し、その達成に努力することを義務づけている。協定が掲げるのは「産業革命以来の気温上昇を二℃より十分低く

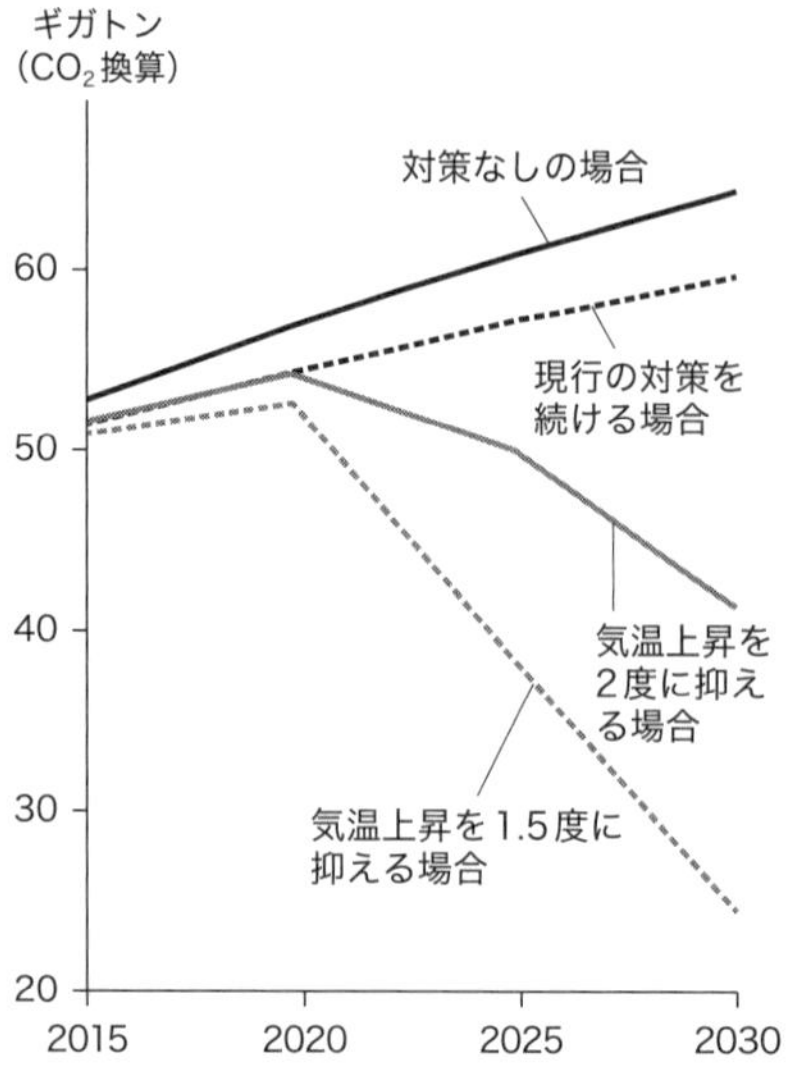

図5　世界の温室効果ガス排出量と2030年までの排出ギャップ．グラフは中央推定値．1ギガトン＝10億トン．UNEPによる．

し、一・五℃にするように努力する」という目標だ。協定が本格的に動き出す二〇二〇年の直前、二〇一九年の一二月に開かれた条約の第二五回締約国会議（COP25）に際し、国連環境計画（UNEP）が重要な報告書を発表した。協定の目標達成に必要な削減量と、現在の取り組みとの間に大きなギャップがあることを指摘する報告書は「ギャップリポート」と呼ばれる。

報告書によると、パリ協定に基づいて各国が提出した削減目標を達成したとしても、今世紀末の気温上昇は三・二℃になる。排出が今のペースで続けば、今世紀末の気温は産業革命前と比べ最大三・四〜三・九℃上がり、破局的な影響が生じる恐れがある。

地球の気温は既に一・一℃上昇しており、これを一・五℃に抑えるには、今は年に一・五％ほど増えている排出量を年七・六％ずつ減らす必要があり、二℃未満を目指す場合でも、毎年二・七%の削減が必要だという。だが、この間、温室効果ガスの排出は増加傾向にあり、二〇一八年の世界の温室効果ガス排出量は五五三億トンで過去最高と推定される。現実と目標とのギャップは広がる一方だ(図5)。

2 酸性化する海——生態系破壊の懸念

海の変化を実験で再現・沖縄

目の前のサンゴ礁に打ち寄せる波音が響く海辺の実験場に並んだ多数の水槽の中に、さまざまな色や形のサンゴが息づいていた。二〇一七年四月、沖縄県本部町の琉球大学熱帯生物圏研究センターでは、条件を変えながらサンゴを飼育して、海洋酸性化がその成長や繁殖に与える影響を調べる実験が続いていた。

海洋酸性化は、大気中の二酸化炭素の濃度が高くなることによって起こる。大気中濃度が高まると、海水中に溶け込む炭酸の量が増え、弱いアルカリ性を示す海水の酸性度が徐々に高くなっていく。これが海洋酸性化で、産業革命以来、世界中の海で進んでいることが分かってきた。

「現在の大気中濃度は約四〇〇ppmですが、今の傾向が続けば今世紀末には一〇〇〇ppmにもなるといわれています。二つの条件下でハナヤサイサンゴというサンゴを飼育

写真5　二酸化炭素を水中に送るチューブとサンゴを入れた実験水槽を見るインドネシアからの留学生．2017年4月，筆者撮影．

して、幼生の発生状況にどのような影響が出るのかを調べる実験を進めています」とセンター長の酒井一彦教授が水槽の脇に立つ二酸化炭素のボンベを見せてくれた。

この施設では海外から留学してきて研究に取り組む人も多い（**写真5**）。インドネシア出身のドワイ・ハリヤンティ特命助教は「同じく大気中の二酸化炭素が増えることによって起こる温暖化と酸性化が相まって、サンゴに影響を与える可能性がある。実験でそれを解明したい」と話す。

施設には海を漂うサンゴの幼生が海底などに定着することへの影響を調べるためにタイル片を入れた水槽も。成熟したサンゴだけでなく、サンゴのライフサイクル全般に酸性化が及ぼす影響を調べているのがここでの特徴だ。

同じくインドネシアから留学中のクリスティ・マシュランさんは「サンゴ礁はインドネシアの観光業や漁業にとても重要な資源だが、赤土や汚染物質の流入や温暖化による白化、酸性化などさまざまな脅威にさらされている」と懸念を口にした。

近くの研究棟内には、小さな水槽だが、二酸化炭素の濃度をさらに厳密に調節できる実験装置があり、三種類のサンゴを海水温度や酸性度などいろいろな条件下で飼育して、影響を調べる実験が進む。

「三〇〇ppmという産業革命前の二酸化炭素濃度を模した実験が行えるのもこの施設の大きな特徴です」と酒井教授が言う。

これまでの研究で、ハマサンゴやミドリイシサンゴなどでは現在の大気中濃度の四〇〇ppmよりも三〇〇ppmの方が、骨格をつくる速度が速いことが分かってきた。これは既に現在の酸性化がサンゴに影響を与えている可能性があることを示す結果だ。

酒井教授は「酸性化の影響の出方は種によって違うし、一つの種の中でも個体差がある。二酸化炭素の排出量を減らすことによって酸性化の進行を少しでも遅くして、サンゴが環境変化に適応できるようにしてやることが重要です」と話した。

＊　＊　＊

海洋酸性化は、人類による化石燃料の大量使用によって大気中にたまり続けている二酸化炭素が海の環境にもたらすもう一つの問題だ。二酸化炭素が溶け込む量が増えることで起こる、というのは簡単だが、その詳細な仕組みと、なぜ酸性化が懸念されるのかについては少々、説明が必要だ。

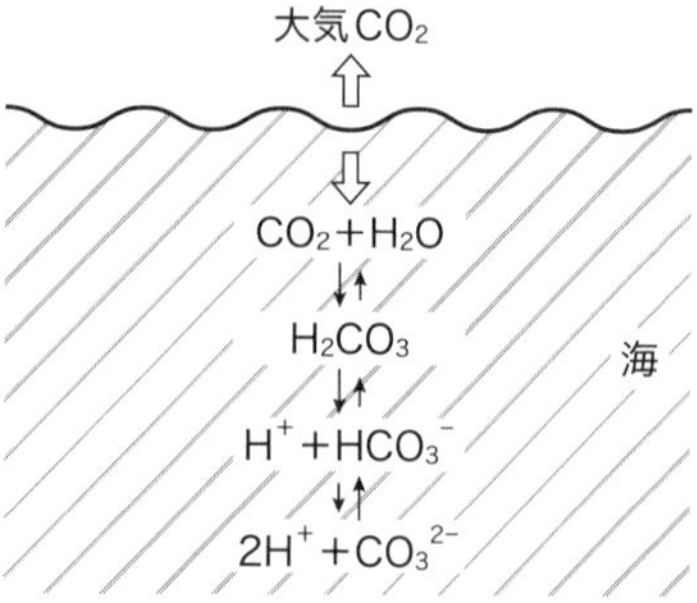

図６　海洋酸性化の模式図．海水中に溶け込んだ二酸化炭素（CO_2）は，炭酸水素イオン（HCO_3^-）や炭酸イオン（CO_3^{2-}）と化学平衡の状態にある．大気中の二酸化炭素が増えると，これらの反応に伴って水素イオン（H^+）が解離し，海洋を酸性化する．気象庁による．

図6のように、二酸化炭素は海面を境にして大気中に出たり、水に吸収されたりする。大気中の濃度が高くなると、海に入る二酸化炭素の量は増え、二酸化炭素は水と結びついて炭酸となって溶け込むことになる。炭酸は、海洋中では水素イオンが解離した炭酸水素イオンや炭酸イオンとの間で、化学平衡の状態を保つ。これら二種類のイオンの存在によって海水は弱いアルカリ性に保たれている。だが、海水中の炭酸の量が増えると、平衡状態が移動して、結果的に水素イオンの量が増え、炭酸イオンの量が減る。この結果、海水の酸性度が徐々に高まっていく。これが海洋の酸性化で、その指標となるのがｐＨ（水素イオン指数）である。

殻が溶けちゃう

海水中のｐＨが低くなるといろいろな問題が出てくる。海には、動物プランクトンやサンゴ、貝、一部の甲殻類など炭酸カルシウムの殻をつくって体の一部としている生物が大量にいるからだ。現在の海水には炭酸イオンとカルシウムイオンが大量に存在するため、炭酸カルシウムの殻をつくることは比較的簡単だ。両者はいわゆる「過飽和」という状態にあるので、ちょっとしたエネルギーで簡単に殻をつくることができる。

ところが、海水中に溶け込む二酸化炭素の量が増えると、水素イオンが増え、炭酸イオンが徐々に減少する。この結果、生物が海水から炭酸カルシウムを合成することが難しくなってくる。さらに炭酸イオンの量が減り、一定の閾値を超えると炭酸カルシウムの殻が溶けてしまい、生物が殻をつくることはできなくなってしまう。こうなると、炭酸カルシウムの殻を持つ生物は死んでしまうだろう。ここまで酸性度が上がらなくても、酸性化が進んで、殻をつくるために多くのエネルギーを必要とするようになると、生物の成長が遅くなったり、形成される殻の質が悪くなったりという影響が出ることが懸念され、実際の観察や実験で確かめられている。

この問題に詳しい国立環境研究所の野尻幸宏さんは「海のｐＨは八程度で長い間、安定していたので、多くの水生生物はこのようなｐＨの環境に適応している。進化の過程で炭酸カルシウムの殻がつくれないような低い炭酸イオン濃度を経験していない今の生物が、そのような環境に簡単に適応することはとても難しいだろう」と指摘する。

生物がつくる炭酸イオンの結晶にはアラゴナイトとカルサイトという二種類があり、アラゴナイトというタイプの方がｐＨの低下に弱く、アラゴナイトの殻を持つ動物が酸性化の影響を先に受けるとされている。その代表格がサンゴだ。二酸化炭素は水温が低いほど海水に溶け込みやすいので、同じ大気中の濃度でもｐＨの低下は冷たい海で激しい。サンゴは比較的暖かい海の生物なので、酸性化の影響は受けにくいとされるが、酸性化した海ではサンゴの成長率が落ちることなども報告されている。さらに深海の冷たい海を好むサンゴも知られており、今世紀末にはこれらのサンゴが暮らせる海はほとんどなくなってしまうだろうとの予測もある。

アラゴナイトの殻を持つ生物で、研究者が注目している生物は、北極海などの寒い海にすむミジンウキマイマイという小さな巻き貝だ。有殻翼足目に分類され、アラゴナイトの薄い殻を持つ。ひょっとしたらこの仲間が世界で最初に海洋酸性化の影響を受けるのではないかとされている。ミジンウキマイマイは、「海の天使」などと呼ばれて人気のクリオネが唯一の餌とする生物でもある。もし、ミジンウキマイマイがいなくなったら、クリオネも絶滅してしまうかもしれない。小さな軟体動物が注目されるのにはこんな理由もある。

もう一つの二酸化炭素問題

海洋酸性化の理論的可能性が指摘されたのは一九七〇年代にさかのぼる。その後、多くの観測によって酸性化の進行が指摘されるようになり、もう一つの海洋環境問題として研究者の注目を集めるようになった。

大気中の二酸化炭素濃度の長期観測が進んでいる米国のハワイ周辺の海域で、米国のグループが海水中の二酸化炭素濃度の上昇傾向とｐＨの低下傾向を指摘したのはかなり早い時期のことだったが、日本の研究機関も太平洋での酸性化に関する貴重なデータを得ている。

日本の気象庁が太平洋北西部の東経一三七度線の南北で船を使って長期間にわたって行っている海洋観測では一九八五～二〇一六年の約三〇年間に、ｐＨが平均で冬には一〇年当たりマイナス〇・〇一八、夏にはマイナス〇・〇二三のペースで低くなっていることが確認された。一つの海域での長期間にわたる貴重なデータで、気象庁気象研究所の石井雅男さんは「日本周辺の太平洋でも酸性化が進んでいることは確実だ」と言う(図7)。

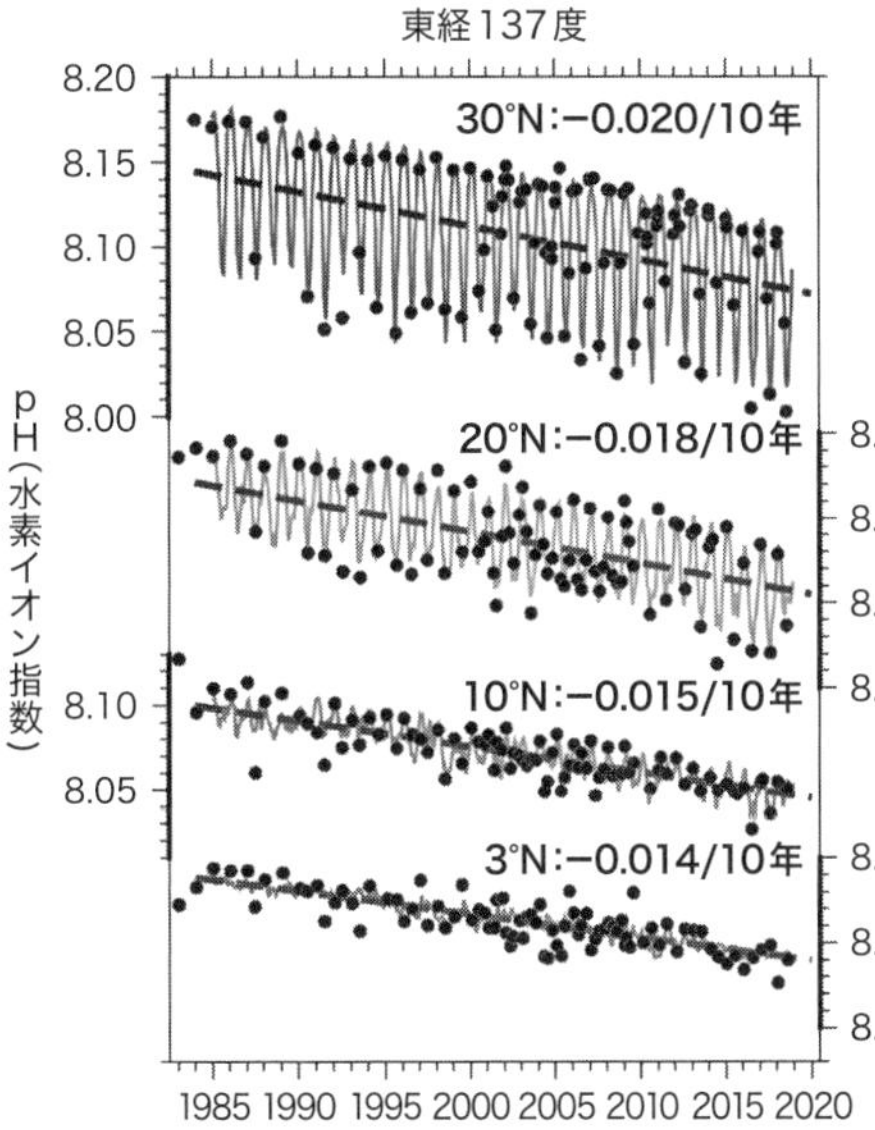

図７　表面海水中のpHの長期変化傾向(太平洋北西部)．気象庁による．

「産業革命以来の大気中の二酸化炭素濃度の上昇は世界の海の酸性化を引き起こし、海の生物、特に生存や成長に炭酸カルシウムを必要とする生物、さらにはそれを食物とする海の生物に甚大な影響を与える」「海からの食料供給は減少すると予想され、食料安全保障や人々の健康、福祉にも悪影響を及ぼすことになる」――。日本学術会議など世界約七〇の科学者団体でつくる学術組織「インターアカデミーパネル」がこんな声明を発表し、各国政府に二酸化炭素削減対策の強化を呼び掛けたのは二〇〇九年六月のことだった。海洋酸性化の問題は、同じように二酸化炭素が引き起こす地球温暖化に比べると、一般の理解は進んでいないのだが、このように専門家の間ではかなり前から、新たな環境問題として指摘されるようになっていた。

深刻な未来予測

二〇一〇年に名古屋市で開かれた生物多様性条約の第一〇回締約国会議(COP10)には、条約事務局が海洋酸性化に関する調査報告を提出し、「海水の酸性化が、過去二〇〇〇万年間の変動の一〇〇倍の速度で進んでいる」と指摘した。このままでは二一〇〇年ごろには海洋のpHが今よりも〇・四～〇・四五低下すると予測され、海域によっては二〇三〇年ごろから海の生態系に影響が出る懸念があるという、かなりショッキングな内容だ。

報告書によると、過去二五〇年間で海水のpHは約〇・一以上低くなり、その速度は過去二〇〇〇万年間の自然変動の一〇〇倍になる。既に海水中の炭酸イオンの濃度は、過去八〇万年間で最も低くなっており、今のペースで大気中の二酸化炭素濃度が上昇し続けると「北極海では二〇三〇年ごろに、南極海では二〇五〇年ごろに、海の生態系や食物連鎖に影響が出る可能性がある」という。報告書は「大気中の二酸化炭素濃度を四五〇ｐｐｍに抑えたとしても、酸性化は多くの海の生態系に多大な影響を及ぼす」と、大幅な排出削減の必要性を指摘した。

これを受けて、会議で採択された二〇二〇年までの生物多様性保全の国際目標「愛知目標」にも「二〇一五年までに、気候変動又は海洋酸性化により影響を受けるサンゴ礁その他の脆弱な生態系について、その生態系を悪化させる複合的な人為的圧力が最小化され、その健全性と機能が維持される」ことを目指すとの一項目が盛り込まれた。

だが、残念ながら温室効果ガスの排出量は増加を続け、温暖化や酸性化によるサンゴ礁などへの悪影響は大きくなる一方だ。この目標が達成されたとは言いがたい。

二〇一二年に、ブラジルでの地球サミットから二〇年になるのを機に開かれたリオ＋20という国際会議の成果文書にも、各国が海洋酸性化対策に取り組むことが記されているし、二〇一五年に採択された「持続可能な開発目標（ＳＤＧｓ）」の一六九個のターゲットの一つとして「あらゆるレベルでの科学的協力の促進などを通じて、海洋酸性化の影響を最小限化し、対処する」ことが定められている。

海洋酸性化は、気候変動に関する政府間パネル（ＩＰＣＣ）の「変化する気候下での海洋・雪氷圏に関する特別報告書（ＳＲＯＣＣ）」でも重要なテーマの一つとされた。ＩＰＣＣによれば、大気中の二酸化炭素濃度の上昇にともなって世界の海の平均ｐＨは低下傾向にある。「海洋は排出された人為起源の二酸化炭素の約三〇％を吸収し、これが海洋酸性化を引き起こしている。海面付近の海水のｐＨは工業化時代の始まり以降〇・一低下している」というのがＩＰＣＣの評価だ。ＳＲＯＣＣは今回、先に紹介した日本の研究と同様に世界の海の表層水のｐＨは一九八〇年代後半から一〇年当たり〇・〇一七〜〇・〇二七低下し、これは自然変動の範囲を超えているとの見解を示している。

将来予測にも注目すべきものがある。温室効果ガスの排出量が多いシナリオ、つまり今のペースで排出が続いた場合、二〇八一年から二一〇〇年の海の平均ｐＨは、二〇〇六〜一五年のそれに比べて〇・三も低下する。これは一八五〇年代からこれまでに進んだ酸性化に比べてかなり大きい。生物への影響についても、積み重なった研究結果を基に、水温が低く酸性化が進みやすい北極海やその周辺では、今世紀末までに、生物が持つアラゴナイトの殻が溶けてしまうレベルを一年中超えてしまう可能性がかなり高い、とかなり踏み込んだ結論を示している（図８）。

日本の沿岸でも

海洋酸性化は遠い将来のことではなく、現在の海で実際に進んでいる現象であることを改めて印象づけたのは、二〇一七年、都内で開かれたシンポジウムで海洋研究開発機構（ＪＡ

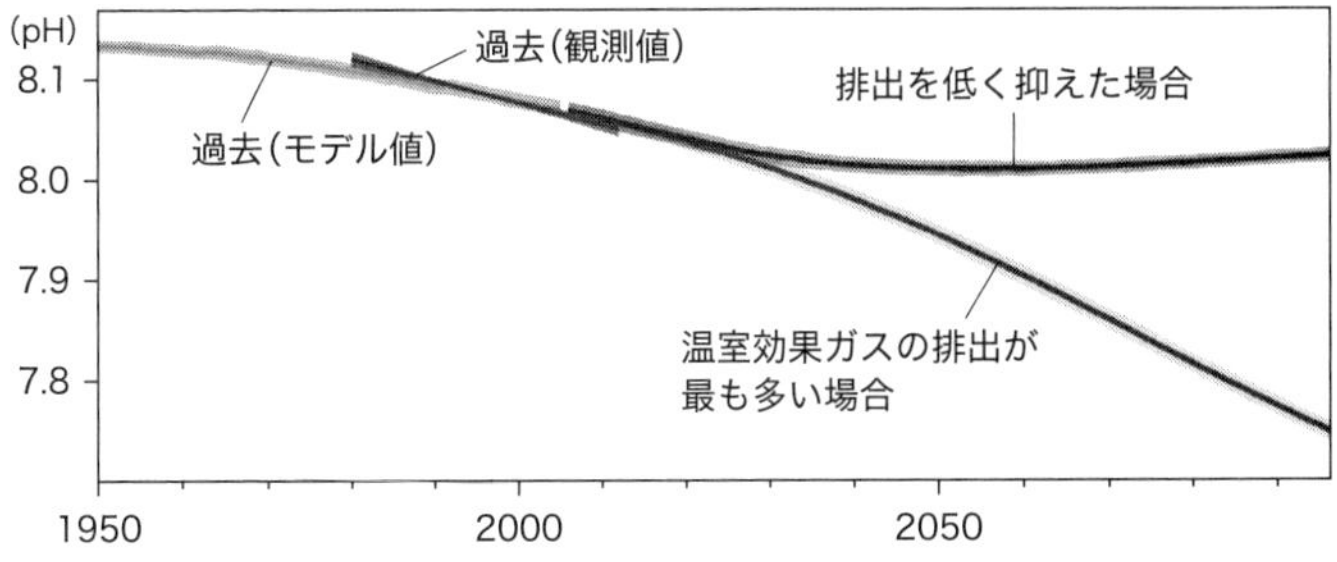

図８　海の pH の変化と将来予測．IPCC による．

ＭＳＴＥＣ）などのグループが発表した日本近海の海の酸性度の変化に関するデータだ。研究グループは、全国沿岸海域の環境省のモニタリングデータを解析。一九八七年から二〇〇九年の間に、海水のｐＨがどう変わったかを調べた。

　すると約二一〇〇カ所の観測点のうちアルカリ性が強まっていたのは八七カ所だけで、三三二カ所で酸性化が進んでいた。ｐＨの年間変化を調べると、全国平均のｐＨは〇・〇〇一五減少し、外洋と同程度の酸性化が起きていた。一方、工業港などがある宮城県石巻市や北海道苫小牧市、東京都の東京湾など一三カ所の観測点では〇・〇一超の減少がみられ、酸性化のペースが平均をはるかに上回っていた。山口、愛媛、鹿児島、沖縄各県の観測点も酸性化の度合いが高かった。

　陸上からの汚染物質の影響などを受けやすい沿岸域のｐＨは、外洋と違ってばらつきが大きい。だが、図9にあるように、全国二八九カ所におけるトレンドの頻度分布（ヒストグラム）をみると、ｐＨの分布は、正規分布を示しながらも、中心が酸性化を示す方向にずれていることが分かる。全体的な

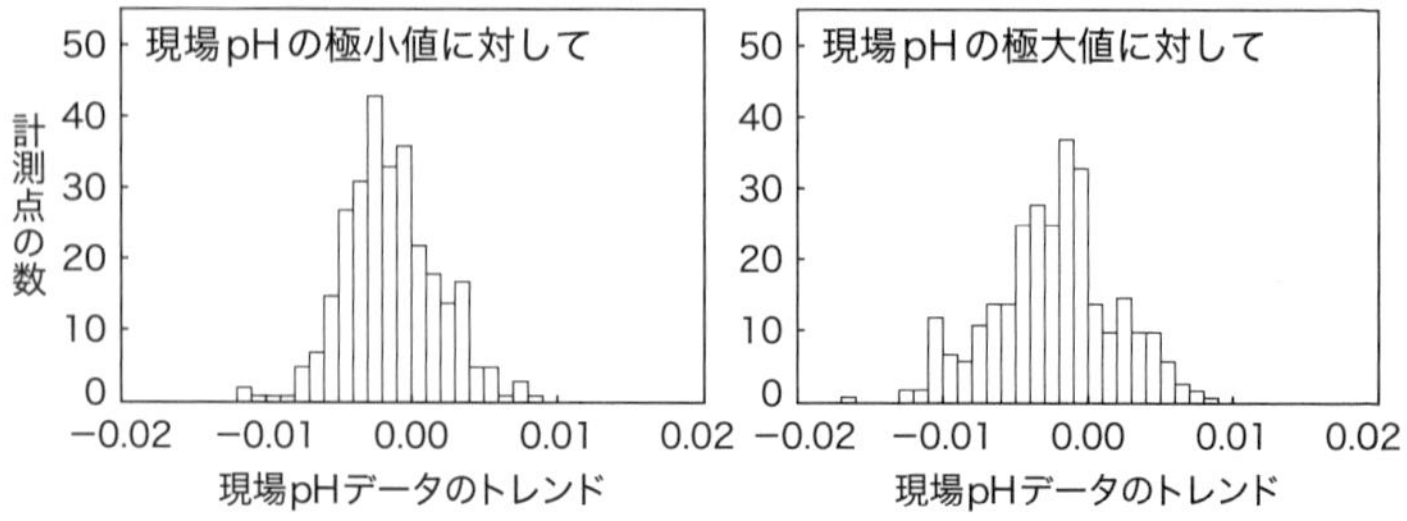

図9　計測点289点のpHデータのトレンドに対するヒストグラム．pHが低下した点が多いことを示す．JAMSTECなどによる．

傾向としては、過去二〇年、日本周辺の沿岸域では海洋酸性化が進んでいることを示している。ｐＨの極小値の平均では一年当たり〇・〇〇一四の低下、極大値に対しては一年当たり〇・〇〇二四の酸性化傾向があるとの結果だ。これは各国で報告されている外洋域での海洋酸性化観測の傾向とほぼ同程度であることも分かった。同機構の宮澤泰正さんは「海域によっては近い将来、生物への影響が懸念されるレベルまで酸性度が高くなる可能性がある。各地で進行の度合いが大きく異なる原因を調べ、生態系への影響も詳しく監視する必要がある」と指摘している。

影響は既に

「現在の酸性化は既に、米国西海岸のカニの殻などに悪影響を及ぼし始めている」――。米海洋大気局（ＮＯＡＡ）などの研究グループが二〇二〇年一月、こんな研究結果を発表した。

　酸性化が進んだ海にいるカニの幼生の殻を高感度のＸ線などで調べたところ、殻や感覚器として重要なヒゲに損傷が多く見つかった。研究グループが調べたのは、米国でシーフードとして大人気のダンジネスクラブ（アメリカイチョウガニ）だっただけに大きな注目を集めた。

ほかにも酸性化した海ではサンゴやウニ、プランクトンの成長が遅くなったり、場合によっては殻に奇形が生じたり、溶けてしまったりするという研究成果が世界各国の研究者から報告され、酸性化の脅威は現実味をおびてきている。

日本の国立環境研究所などのグループは、ふ化直後のムラサキウニの幼生を、二酸化炭素濃度を産業革命以前の水準である三〇〇ｐｐｍから徐々に上げていきながら飼育する比較実験で、六〇〇ｐｐｍの二酸化炭素濃度で飼育したムラサキウニは脚が短いなど、成長に影響が出ることを突き止めた。エゾアワビの幼生の場合、一〇〇〇ｐｐｍあたりから殻に穴が開き始め、二〇〇〇ｐｐｍになると殻の内側が溶けてしまうことも分かった。最新の観測では大気中の二酸化炭素の濃度は四一〇ｐｐｍ近くにまで上がっており、六〇〇ｐｐｍというのも決して非現実的な濃度ではない。

実験装置の改良などが進み、最近では三〇〇ｐｐｍ程度と、産業革命前とほぼ等しい大気中の二酸化炭素濃度の下でサンゴなどの生物を飼育して、四〇〇ｐｐｍを超えた現在の濃度下との影響の違いをみる実験もできるようになった。本章の冒頭でも紹介したように、炭酸カルシウムの殻を持つさまざまな生物、特にその幼生の成長などには三〇〇ｐｐｍと四〇〇ｐｐｍではかなりの違いがあることが分かってきた。実際に酸性化が進んだ北極圏に近い海

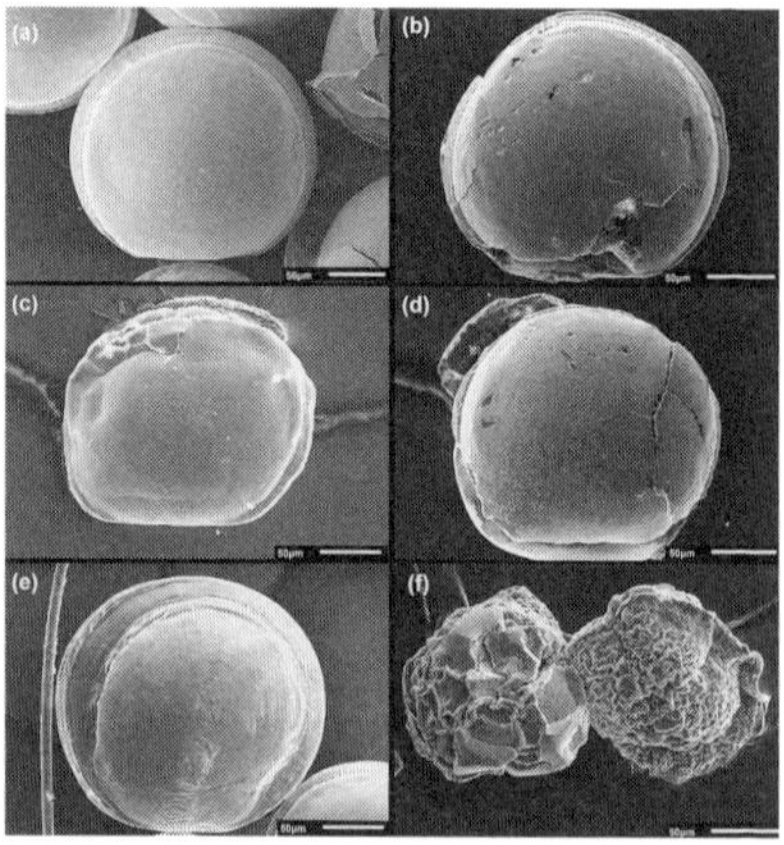

写真6　海洋酸性化の影響実験で溶けた貝の幼生の殻．(a)がpH 7.98下の正常な殻．(b)〜(f)はpH 7.65，さまざまな温度下の殻で，(f)は特に変形が目立つ．ニュージーランド・ビクトリア大学提供．

では、実験室での結果とよく似た、酸性化の影響を受けたと思われる微小な貝が採取されることもあり「人間が引き起こした海洋酸性化の影響は既に現れ始めている」というのが共通認識になりつつある。

さらに近年、注目されるのは、温暖化による海水温上昇と酸性化が同時に起こったときの影響だ。二〇一七年四月、ニュージーランドのビクトリア大学の研究グループは、南極周辺などに広く分布する貝の一種を酸性度の高い海水中で育てると、幼生の殻が変形したり、ひびが入ったりという異常が多く発生、発生率は海水温度が高いほど高くなるとの実験結果を発表した（**写真6**）。米カリフォルニア大学デービス校の研究グループは、コケムシという生物を高い水温の中で飼育した後に酸性度の高い海水に入れると、炭酸カルシウムの殻が急速に溶けてしまったとの研究成果を報告している。

日本の海洋研究開発機構とカナダ海洋漁業省のグループが二〇〇九年に米国の科学誌「サイエンス」に発表した研究も、温暖化で進む海氷の融解と酸性化の相互作用に着目している。

北極海のカナダ海盆という海域で海水を採取し、酸性度などを調べたところ、この海域の広い範囲で、生物がアラゴナイトの殻をつくれなくなるレベルまで、海洋酸性化が進んでいることが分かった。他の海域に比べてここで酸性化が進んでいるのは、融解が進む海氷からの淡水が大量に流れ込んでいることや海氷が溶けて海面が空気に触れる面積が増え、溶け込む二酸化炭素の量が増えたためだと考えられた。

研究グループによると、局所的な海域ではアラゴナイトの殻がつくれないレベルにまで酸性化が進んだ場所はこれまでにも確認されているが、水深の深い海盆域で広範囲にここまで進んでいることが確認されたのは初めてだという。グループは「通常の海洋酸性化に加えて急激に進行する海氷融解の効果が重なることで、北極海カナダ海盆域が世界で最も早く生物が炭酸カルシウムの殻をつくれない海になった。この海域は炭酸カルシウムを殻に持つプランクトンなどの海洋生物にとって世界で最も住みにくい海だ」としている。

ニモもピンチ？

酸性化の影響を受けるのは、貝やプランクトンだけではないらしい。

「酸性化が進むともしかしたらニモがいなくなるかもしれない」との研究結果を二〇〇九年に発表したのはオーストラリアのジェームズ・クック大学などの研究チームだ。

研究チームは、映画『ファインディング・ニモ』の主人公の熱帯魚「カクレクマノミ」に近いクマノミの一種のふ化直後の稚魚を、空気中の二酸化炭素濃度を変えた水槽中で四日間飼育、その後、捕食者がいる海の中に戻して、生存率を比較した。

二酸化炭素の濃度が現在とほぼ同じ三九〇ｐｐｍで、海水の酸性化が進んでいない環境下で育った稚魚が捕食者に食べられて死ぬ比率は約一〇％だったのに対し、七〇〇ｐｐｍの環境下で育った稚魚の場合の死亡率は五七％に上昇。八五〇ｐｐｍの場合は九三％とさらに高くなり、ほとんど生き残れなかった。酸性度が高い環境で育ったクマノミは、通常の環境で育ったクマノミに比べ、隠れ場所から離れる時間や距離が長くなり、捕食者を警戒する行動が少なくなることが観察されたという。室内実験で、酸性化が進んだ水で育った魚は嗅覚《きゅうかく》に異常が発生し、天敵のにおいを識別できなくなることも分かり、チームの科学者は、これが天敵に捕食されて死ぬ確率が高くなった原因だとみている。

二〇一八年には、米国のワシントン大学のグループが「酸性化がサケの嗅覚を狂わせる」との実験結果を発表し、大きな注目を集めた。

グループは、海に暮らすギンザケの若い個体を約二週間、酸性化が進んだ海水の中で飼育し、サケのエキスを水中に注入してみた。サケのエキスは、天敵に仲間が襲われたことのシグナルで、通常のサケはにおいのする場所から、逃げ出す行動をとる。だが、大気中の二酸化炭素の濃度が高く、酸性化が進んだ水の中で飼育されたサケは、エキスを入れても回避行動をとることがなかった。生化学的な分析では、酸性化が進んだ海水で飼育したサケでは、

写真7　逃げないサケ．サケの嗅覚に酸性化が与える影響の実験画像．二酸化炭素濃度を上げた海水中のサケ(右)は，におい物質を避ける行動をとらない．米ワシントン大学のホームページから．

嗅覚に関連する遺伝子の発現に変化が生じることも分かり、グループは「海洋酸性化がサケの嗅覚を狂わせる」と結論づけた(**写真7**)。

川から海に下り、数年後に成長して生まれた川に戻って産卵をするサケが、生まれた川に戻るには嗅覚が大きな役割を果たすとされている。グループは「海洋汚染もサケの嗅覚を狂わせることが分かっており、将来的には汚染とのダブルパンチで海洋酸性化がサケの生息に悪影響を与えることになるだろう」と警告した。

経済にも悪影響

「海洋酸性化は貝やサンゴなどの生物に悪影響を与えるだけでなく、生態系への影響を通じ、海の生物に食料を依存する人々や観光業に影響を及ぼす可能性がある」――。二〇一七年一月に都内で開かれた酸性化と地球温暖化に関する国際シンポジウムで、モナコにある国際原子力機関環境研究所のデービッド・オズボーン所長はこう警告した。

米国のウッズホール海洋研究所のチームは、酸性化による漁業への影響を試算している。二酸化炭素濃度が七〇〇ppmに上がると、貝の殻の形成量が一〇～二五％低下するとした別の研究チームの実験データなどを使い、二酸化炭素濃度の増加に伴う貝類の水揚げの変化を予測した。三八五ppm程度の大気中の二酸化炭素濃度が二一〇〇年におよそ五五〇ppmまで増加する経路をたどる場合、現在から二〇六〇年までの酸性化による損失額は、累積で三億～三一億ドルに達する恐れがあるとの結果が出た。米国内の二〇〇七年の水揚げは計約三八億ドル。このうち酸性化で殻が溶ける恐れがある貝類などは約七億五〇〇〇万ドルに上り、約二〇％を占めるという。チームは、酸性化の影響は未解明な部分が多いとしつつも「価値が高い多くの貝類が減少するか質が低下する恐れが示された。影響が生態系全体に及ぶなら、被害額はさらに増える」とする。ほかにも海の魚類の四分の一以上のすみかだとも指摘されるサンゴ礁に大きな被害が出れば、高波から沿岸を守る機能なども損なわれ、漁業面と合わせ、損失が巨額になる恐れが高い。

二〇一四年、韓国のピョンチャンで開かれた生物多様性条約の第一二回締約国会議（COP12）に向け、条約事務局は、今のままで二炭化炭素の排出が続けば海洋酸性化による経済損失は徐々に増え、二一〇〇年までに年一兆ドルを超える恐れがあるとする報告書をまとめている。水産資源や観光資源を供給し、約四億人の生活を支えているサンゴ礁が大打撃を受けるためで、報告書は「（サンゴ礁以外の）海岸などでの被害を加えれば損失額はさらに大きくなる」と指摘した。

大気中の濃度が高くなった場合に海に溶け込む二酸化炭素の量は、化学的な法則に支配されている。このことは、大気中の二酸化炭素の濃度が高くなれば確実に海洋酸性化が進むということを意味している。海洋酸性化問題に詳しい英プリマス海洋研究所のキャロル・ターレー研究主幹は「最も重要かつ唯一の対策は二酸化炭素の排出量を減らすことだ。二〇一五年のパリ協定は大きな一歩だが、各国が約束した現在の排出削減では不十分だ」と指摘する。

先に紹介した二〇〇九年のインターアカデミーパネルの声明は「大気中の二酸化炭素の濃度をたとえ四五〇ppmに抑えたとしても海洋酸性化が海の生態系に甚大な影響を与えるだろう」と指摘している。それから約一〇年、二〇一八年の大気中の二酸化炭素の濃度は四一〇ppmにまで上昇、過去最高を記録した。海洋酸性化問題は、地球温暖化防止とともに、温室効果ガスの排出削減に人類が真剣に取り組まねばならないことを示すもう一つの理由である。

挟み撃ち

「二酸化炭素濃度の上昇が引き起こす酸性化と地球温暖化という二つの現象の影響で今世紀末ごろには日本近海からほとんどサンゴはいなくなってしまう」と警告するのは北海道大学の藤井賢彦准教授だ。

藤井さんら北海道大学のグループは、国立環境研究所、スイス連邦工科大学やベルン大学などと共同で、コンピューターモデルを使って、日本近海でサンゴが生息できる領域が将来的にどう変化するかを予測した。

研究グループは「熱帯・亜熱帯性サンゴは水温が三〇度を超えると白化して生息できなくなる」「温帯性サンゴは最も低い水温が一〇度より低くなると生息できない」などいくつかの条件を設定し、温暖化による水温上昇と海洋酸性化の進行予測とを組み合わせて、日本近海でサンゴが生息できる領域の変化を調べた。

温暖化による海水温度の上昇によって、サンゴは南の海には生息できなくなる反面、北の海では生息できるようになるため、分布の北限は温暖化の進行にともなって北上する。これは既に日本近海で報告されている現象だ。

それだけなら、サンゴの生息可能領域はあまり変わらないのだが、酸性化の影響を考えると話は違ってくる。海洋酸性化は温度が低い北の海の方から先に進むため、今はアラゴナイトの殻がつくれなくなるような領域ははるか北の方にある。だが、大気中の二酸化炭素濃度が高くなるとこの領域はどんどん南に下がってくる。

シミュレーションの結果からは、酸性化の影響領域が南下する速度は、海水温度の上昇にともなってサンゴの生息域が北上する速度よりもはるかに速いため、やがてサンゴの生息可能領域を侵食するようになってくる。

「日本のサンゴは南からは温暖化の影響、北からは海洋酸性化の影響を受けるという挟み撃ち攻撃にあって生息できる領域がどんどん少なくなっていくことが分かったのです」と藤井さん。二〇七〇年以降、日本近海にサンゴが生息できる海域はほとんどなくなり、二一〇〇年にはほぼすべてがなくなってしまう。これが藤井さんたちの研究が示す予測だった。

「乱獲でマグロやタコがいなくなり、酸性化の影響で貝やウニ、エビなどの甲殻類がいなくなれば、二一〇〇年のお寿司は卵とかっぱ巻きだけになってしまうかもしれない」——。藤井さんは、笑いながら、だが、真剣に温室効果ガスの排出を減らすことの大切さを訴える。

◆コラム　白砂もなくなる？

サンゴ礁の海底に堆積している白砂「サンゴ砂」は海洋酸性化の影響を受けやすく、今世紀半ばから末までに沖縄県・石垣島を含む世界のほとんどの海域で減少が進むとの予測を、オーストラリアの研究チームが二〇一九年に発表している。

サンゴ砂はサンゴ礁が発達するうえで重要なほか、多くの底生生物にすみかを提供するため、研究チームは「海の生態系に大きな影響を与える」と警告。二酸化炭素の排出を減らすことの重要性を強調した。

写真８　酸性化が白砂に与える影響を調べる実験の様子．サザンクロス大学提供．

サンゴ砂は、サンゴの死骸などが長い場合は数千年かけて堆積してできる。オーストラリアのサザンクロス大学のチームは、ハワイ、バミューダ諸島、クック諸島など五つのサンゴ礁海域で五七カ所の海底を調査。サンゴ砂を特殊な装置で覆い、周囲の海水の酸性度を変化させながら影響を調べた（写真８）。すると酸性度が高くなるにつれて主成分の炭酸カルシウムが溶け出す量が増え、その量は生きたサンゴの骨格に比べて一〇倍も多いことが分かった。

研究チームは、今回の実験結果と、世界二二カ所のサンゴ礁のデータを基に、酸性化の影響も予測した。オーストラリアのグレートバリアリーフの一部など四カ所では、既にサンゴ砂の減少量が自然界からの供給量を上回っており、このままでは二〇五〇年には石垣島を含めた一七カ所で、今世紀末にはさらに三カ所で、サンゴ砂の減少が始まるとの結果が出た。人間活動による水質汚染などの影響で回復力が落ちた生態系ほど、酸性化の被害が早く顕在化するといい、研究チームは温室効果ガスの排出削減とともに、海洋汚染対策を進めることの重要性も指摘している。

3　海を埋め尽くすプラスチックごみ
――有害物質の運び屋にも

汚染は地球規模で・ギニアとモルディブ

「ここの前の海岸はひどいよ。見てきてご覧なさい」。同行する英国の研究者にそう、声をかけられた。二〇一七年の九月、地域での野生生物保護活動の取材で訪れたアフリカ西部の国、ギニア。大西洋岸に位置する首都、コナクリのホテルにチェックインした直後のことだった。人口一二〇〇万人ちょっとのこの国は、ボーキサイトが産出するものの、一人当たりの国内総生産(GDP)は約一〇〇〇ドルとアフリカの中でも貧しい国だ。ホテルはこの国の中では高級な部類で、目の前の広いビーチが売り物の一つだった。

「一つだった」と過去形で言うのには理由がある。研究者に言われて出てみたホテルの前のちょっとした湾になったビーチは、大小さまざま、青赤黄黒、色とりどりのプラスチックごみに埋め尽くされていたからだ。ごみには多くの有機物がひっかかり、近づくと異臭が鼻をつく(**写真9**)。

写真９　大量のプラスチックごみが漂着したアフリカ・ギニアの海岸．2017 年 9 月，筆者撮影．

ホテルの従業員によると、数年前から漂着するプラスチックごみがたまり始め、気がついたら浜辺はごみでいっぱいになっていたという。ビーチが汚くなれば、そこにごみをポイ捨てにくる人も増える。陸上からのごみと漂着するごみは年々、増える一方で、昔は売り物の一つだったホテルの前のビーチに、今では足を踏み入れる人はほとんどいなくなった。「ホテルにとっては大損害だよ」と従業員は肩をすくめた。

ギニアのような貧しい国にも、使い捨てのプラスチック食品容器は普及し始めた。ごみの収集や埋め立て、焼却などの施設は不十分で、処理ができない大量のプラスチックごみが海や海辺を汚染するようになってきた。この国ではペットボトルの水はまだ少なく、プラスチック製の袋に入った飲料水が普及している。小さく、軽いだけに始末が悪く、ビーチに積もるプラスチックごみの中にも飲料水の袋が目立った。

大量のプラスチックごみの処理に悩む国は多い。マリンリゾートとして有名なインド洋の島国、モルディブもその一つだ。近年、観光客が出すペットボトルなどの使い捨てプラスチックに加え、住民が出すプラスチックごみも増えて、島の担当者が悲鳴を上げるようになった。観光業とは無縁の島を訪ねると海岸には大量のプラスチックごみが捨てられているのを頻繁に目にする。まともな焼却施設はなく、野焼きに近い状態で処理されている場所もある。

あるリゾートホテルの担当者は「ホテルではごみが海に流れ出ないように注意していても、海流によっては大量のごみが流れ着き、夜明け前から総出で海岸を清掃することもある」と話してくれた。

写真10　モルディブの「ごみの島」．船が頻繁に大量のごみを運んでくる．2017年11月，筆者撮影．

首都のマレ周辺から出るプラスチックを含む大量のごみの処理に困った政府は一九九〇年代後半に、近くの島の一部をごみの集積場に指定した。ティラフシというこの島は今では「ごみの島」という不名誉な名で呼ばれる(**写真10**)。筆者がこの島を訪れたのは二〇一七年の一一月のことだった。

マレからボートで約二〇分余り。ティラフシのごみ捨て場は、自然発火で燃えるごみからの煙にかすんでいた。焦げたプラスチックと腐った生ごみの異臭が混じり合った異様な空気が、集積場の中に足を踏み入れた直後から濃くなり、マスク越しに鼻の奥を刺す。プラスチック廃材の中に、金属や紙、木材、生ごみなどあらゆる種類のものが混じり合ったごみの山が幾重にも連なり、至る所から立ち上る白煙が目にしみる（**写真11**）。

写真11　白煙が立ち上る「ごみの島」．2017年11月，筆者撮影．

人の背よりもはるかに高いごみの山があちこちに築かれ、轟音を立てながら重機がそれをならしている。二つある船着き場の一つに大量のごみを運ぶ船がやってきた。大量のごみの多くがプラスチックごみだ。ごみは重機によって無造作に運び出され、山の一部になった。

「専用の船が三隻あって、入れ替わり町からここにごみを運んでくるんだ」。「燃やしているわけではなくて、ごみから発生するガスに自然に火が付くんだ。いつ燃え始め、いつ消えるのか、だれも知らない」と国営ごみ処理企業の担当者、ハジム・イブラヒムさんが事もなげに言う。

ここで働く作業員のほとんどはバングラデシュからの外国人労働者だ。彼らは敷地内の宿舎に寝起きして低賃金で働き、ごみの山づくりやリサイクルに回すための金属の選別などに取り組む。島の外に出ることはめったになく、この国の言葉を話せない人がほとんどだという。

サドヒールと名乗る三四歳の男性にやっと話を聞くことができた。

「ここへ来たのは一三年前。バングラデシュよりいい仕事があると言われてやってきた。国に帰って家族に会ったのは三回だけだ。多少の金は持って帰れた」。汚れた薄いTシャツ姿で、マスクもなし。うつむきがちに話すその言葉は途切れがちだ。「重機を運転してごみの山をつくるのが仕事で、体調は悪くない」。

「重機の免許は持っているの?」と尋ねると、サドヒールさんが口を開く前に、ハジムさんが「持っている。持っている」と答えを引き取った。

彼が、ここでの仕事で得る収入は月約一〇〇ドル。地元の人によると、平均月収の半分以下で、貯金や故郷への送金などほとんどできない金額だ。

「ほかに行くところもないし、明日もここでの仕事を続ける」――。降り出したにわか雨がシャツに染みをつくる。サドヒールさんはうつむいたままきびすを返し、とぼとぼと、白煙が立ち上るごみの山の向こうに姿を消した。

かつては先進国の問題だったプラスチックをはじめとする大量のごみ。思い起こせば東京にも「夢の島」と呼ばれるごみ処理のための島があった。だが今や、使い捨てプラスチックのごみ問題は、ギニアなどアフリカの貧しい国やモルディブのような島国にまで広がり、政府を悩ませている。陸上で処理ができずにあふれたプラスチックごみは、川を通じて海に流れ込み、深刻な海洋汚染を招いている。プラスチックによる海洋汚染は地球規模の環境問題の一つとされるまでになってしまった。

＊　＊　＊

ごみの量が急増

現代のわれわれの生活にはプラスチックがあふれている。その生産量は過去五〇年間で二〇倍にも増え、年間三億トンを超えるまでになった。今後も年率五％程度のペースで増え続けるとされているので、二〇年足らずのうちにさらに倍増する勢いだ。

それとともにごみになるプラスチックの量も増えている。国連環境計画（ＵＮＥＰ）によれば、一九七〇年代には年間五〇〇〇万トン以下だったプラスチックごみの量は二〇一五年には三億トンを超えるまでに増えている（図10）。特に増えているのが飲料ボトルや食品包装に使われるポリプロピレンやＰＥＴ（ポリエチレンテレフタレート）、ポリエチレンやポリスチレ

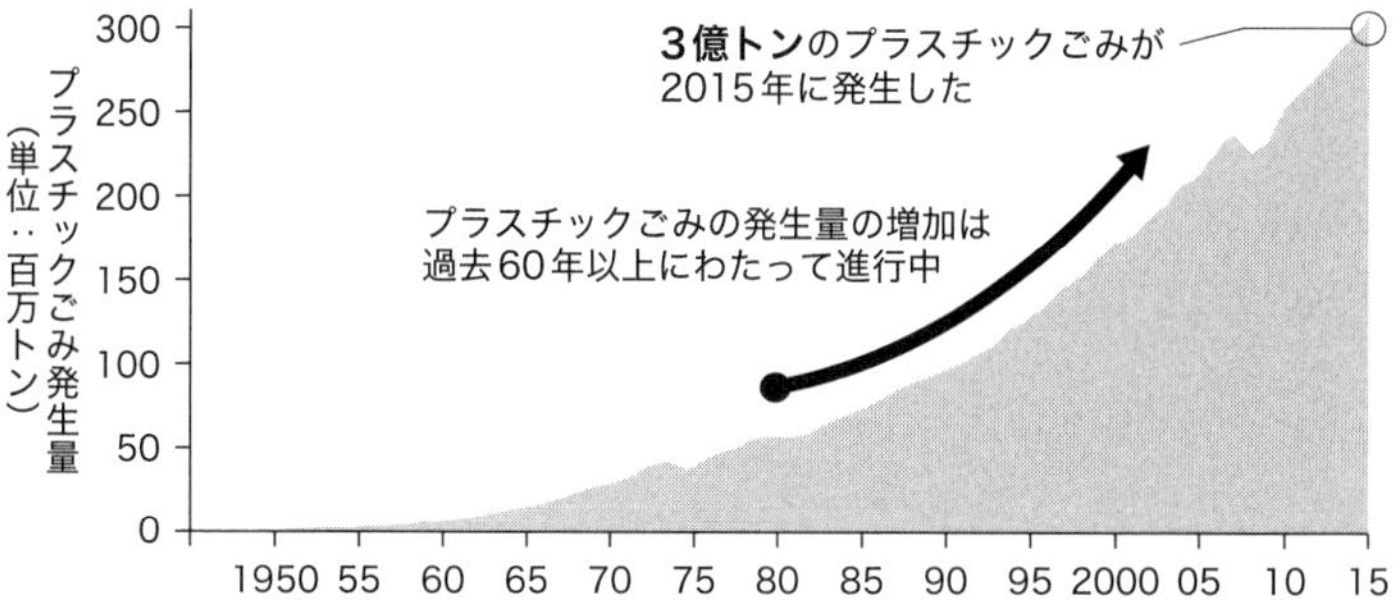

図10　プラスチックごみの年間発生量の推移．UNEPによる．

ンといった使い捨ての製品だ。二〇一五年には三億トンのうち、包装容器のごみが一億一四〇〇万トンで、ほぼ半分を占めた。その中でリサイクルされたのはわずか一四％、焼却が一四％で、残りはなんらかの形で環境中に残っている。

これらのプラスチックごみの多くが最終的には海に流れ込み、深刻な海洋汚染を招く。軽く丈夫だというプラスチックの利点が災いしている形で、その量は年間、八〇〇万から一〇〇〇万トンに上るとされる。環境中で二酸化炭素と水に分解されるまでには一〇〇〇年近くかかるとされるため、海には年々、大量のプラスチックごみが蓄積されることになる。

二〇一七年に発表された研究によると、一九五〇年以降に生産されたプラスチックは八三億トン超になり、このうち六三億トンがごみになった。今のペースでゆくと二〇五〇年には一二〇億トン以上のプラスチックごみが環境中に残ることになるという。

二〇一六年、スイスでの世界経済フォーラム（WEF）の年次総会（ダボス会議）に、英国のエレン・マッカーサー財団が提出した報告書によると、現在、世界の海には一億五〇〇〇万トンのプラスチックごみが存在しており、各国が目立った行動をとらなければこの量は二〇五〇年には積もり積もって、一〇億トン近くになるという。「現在、海にいる魚の重さは八億トンになる」とのデータがあるため、「二〇五〇年には魚の量よりもプラスチックごみの量の方が多くなる可能性が高い」――。こう指摘するこの報告書の内容は、世界中の人々の大きな注目を浴びた。

プラスチックがわれわれに便利な暮らしをもたらす一方で、大量のプラスチックごみは、既に大きな経済的な被害をもたらしている。二〇一八年に、経済協力開発機構（OECD）がまとめた報告書によると、プラスチックごみが、観光業や漁業にもたらす悪影響などの損害は年間約一三〇億ドルに上るという。プラスチックごみの一部は焼却やリサイクルに回るが、投棄や埋め立てで環境中にたまる量も増えており、二〇五〇年には、陸上を含め、約一二〇億トンのプラスチックごみが環境中に残ることになるとの予測がここでも明らかにされた。世界のプラスチックごみのリサイクル率は現状で全体の一五％程度にとどまっている。欧州連合（EU）は三〇％近いが日本は二十数％だった。

OECDは「海に流れ出たプラスチックごみがアジア・太平洋地域の観光業に与える損害だけでも年間六億二二〇〇万ドルに上る」と指摘。海岸のごみの回収作業、観光客の減少、漁業への悪影響などで多額の経済損失が生じていると分析した。本章の冒頭で紹介したギニアのホテルなどは、プラスチックごみによる経済的な損失を被っている一つだ。そして、OECDは、プラスチックごみが、海の野生生物の生存を脅かし「プラスチック中の化学物質が食品を通じて人体に入り、人間の健康を脅かすリスクもある」と警告している。

脅かされる海の野生

プラスチックが野生生物に与える影響を伝える記事や講演でしばしば目にする一枚の写真がある。米国のハワイ北西部海洋国家遺産地区のミッドウェー環礁で撮影された大型の海鳥、コアホウドリのヒナの死骸の写真だ。既にヒナの体は腐敗が進み、骨までも分からなくなりつつある中、ペットボトルのふたなど、体内に残ったプラスチックごみだけが、一部はまだ色鮮やかなまま残っている。

写真 12　大量のプラスチックを飲み込んだコアホウドリの死骸．体は腐敗しても体内のプラスチックは残っている．米ミッドウェー環礁で．Credit: *Chris Jordan/NOAA*.

この写真をはじめ、大量のプラスチックを体内にため込んで死んだコアホウドリの写真が並ぶ米スミソニアン国立自然史博物館のホームページは、ショッキングなものだ。それは「人間が暮らす場所から何千キロも離れた太平洋の小島の生き物に悪影響を与えるくらい、人間の消費行動が大きな影響を持っていることを示している」と訴えている。

漁網などの漁具を含めた寿命の長いプラスチックごみは地球上の至る所に広がり、既に多くの海の野生生物の命を奪っている。

クジラやウミガメ、海鳥などの野生生物は、漁網や大きなプラスチックごみに引っかかることによる窒息で命を落とす。「混獲」や「ゴーストフィッシング」と呼ばれるこれらの現象は、かなり以前から生物保全上の大きな問題だと指摘され、さまざまな対策もとられてきた。一方で、海の中をひらひらと漂うプラスチック製のレジ袋をクラゲなどの餌と間違えて飲み込むクジラやウミガメの例も報告されている。体内に取り込んでしまったプラスチックの量が多いと消化管に詰まって、致命的な影響を及ぼすことが少なくない。海岸などに座礁して死んだクジラやウミガメの体内から大量のプラスチックごみが見つかることが近年、頻繁に報道されるようになってきた。

中でもウミガメは、頻繁にその体内からプラスチックが発見される生物種の一つだ。死んで海岸に打ち上げられたウミガメの解剖結果などから、プラスチックを飲み込んでいることが報告されることが増えており、世界のウミガメの五二%は体内にプラスチックを飲み込んでいるとのデータもある。

多くの海鳥や魚は、海に浮かぶプラスチック片や粒子を魚の卵などの餌と間違えて口にすることでプラスチックを体内に取り込んでしまう。海鳥とプラスチックごみに関する先駆的な研究成果は、オーストラリア・ニューサウスウェールズ大学のグループが二〇一五年九月に「米科学アカデミー紀要」に発表した論文だ。

研究グループは一九六二年から二〇一二年までに発表された論文を分析、世界の一三五種の海鳥の五九%に当たる八〇種が、プラスチック粒子を体内に取り込んでいたとみられ、うち二九%に当たる約四〇種から実際にプラスチックが検出されていたことを突き止めた。これらのデータに、各地の海から報告されているプラスチックごみの量のデータを加え、コンピューターモデルを使って将来のリスクを予測したところ、二〇五〇年には世界の海鳥の種のほとんどからプラスチックが見つかることになり、発見される確率も九五%と高くなるだろうとの結果が得られた。グループは、飲み込んだプラスチックが体内にたまることや、プラスチックに含まれる有害な化学物質が海鳥の将来に悪影響を与える懸念が大きいと指摘している。

海鳥、特にヒナや若い鳥がプラスチックを飲み込むと、消化管を傷つけたり、空腹感を感じずに満足に餌を取れなくなったりして死んでしまうことが知られている。そして、プラスチックごみの影響を最も受けやすいのが、写真12で紹介したアホウドリの仲間だ。

彼らは繁殖期以外、一生のほとんどを海の上で過ごす。アホウドリがプラスチックごみの影響を受けやすいのは、彼らが餌を取るときの方法に原因がある。アホウドリはくちばしを開き、海面すれすれを飛びながら魚やイカなどの餌を取る。これをスキミングと呼び、こうやって餌を取る海鳥のことを「スキマー」と呼ぶこともある。同様の方法で餌を取るハサミアジサシという海鳥の英名はブラックスキマーである。

スキミングによって餌を取る海鳥たちにとって、表面近くに大量のプラスチックが浮かぶ海は最悪の場所となる。餌と間違って食べるのとは桁違いに多くのプラスチックが彼らの体内に入ってしまうからだ。親鳥は洋上で取ってきた餌を口移しでヒナに与える。成鳥は詰まったプラスチックをはき出すことができても、ヒナはそれが難しい。体内に彼らの体のサイズからすればとてつもなく大きい使い捨てライターなどのプラスチックごみを抱えて死んでしまうヒナが多いのはそのためだ。日本の伊豆諸島、鳥島のアホウドリを含めて、多くのアホウドリは既に乱獲や漁網への混獲などによって数の減少が激しく、多くが絶滅の危機に瀕しており、プラスチックごみがその生息状況をさらに悪化させることが懸念されている。

粒子を求めてネットを引く・東京湾

旅客機が頻繁に離着陸を繰り返す羽田空港沖の東京湾。真夏の強い日差しが肌を刺す東京海洋大学の実習艇「ひよどり」の船上に、船腹近くの海面にゆらゆらと揺れるプランクトンネットを見つめる研究者の姿があった（**写真13**）。

二〇一六年八月のある日、海洋大と東京農工大学、九州大学の共同研究グループによる海洋調査に同行した。近年、広範囲の海洋汚染が問題になっている微小なプラスチック粒子「マイクロプラスチック」を集め、分析するのが、この日の調査の目的だ。

マイクロプラスチックは、地上から海に流れ込んだプラスチックが、波や太陽の紫外線などで細かく砕けるなどして、直径五ミリ以下になったものをいう。中には洗顔料や化粧品に人工的につくって入れられたものや食器洗いのスポンジから出るものなど、目に見えないほど小さな粒子もある。

写真 13　プランクトンネットを見つめる高田秀重教授．2016 年 8 月，筆者撮影．

海面には時折、スーパーのレジ袋やカップ麺の容器、ペットボトルなどのプラスチックごみが漂うのが見える。農工大の高田秀重教授が「ここでネットを入れたらたくさんかかりそうだな」とつぶやく。「最近はどこで入れても入りますよ」と海洋大の内田圭一さんが応じる。

約二〇分後、ネットを甲板上に引き上げ、かかったものを注意深くガラス瓶に移す。中には小さな半透明のカニや動物プランクトンなどに交じって、プラスチックとみられる白や青い粒がたくさん漂っていた（写真14）。

高田教授は同じ場所で二五メートルほど下の海底から泥を採取する装置を学生と一緒に投げ込み、引き上げた泥を集める作業にとりかかっていた。

「研究室に持ち帰って顕微鏡を使ってさらに細かいものを一つ一つ調べ、プラスチックの種類も分析します」と高田教授。マイクロプラスチック研究は根気のいる作業だ。

写真14　ネットを使って海水中のプラスチック粒子を集める東京農工大などの研究グループ．2016年8月，筆者撮影．

マイクロプラスチック汚染

小さなプラスチックの粒子「マイクロプラスチック」による海洋汚染が注目されるようになったきっかけの一つは、二〇〇八年九月に米ワシントン州で開かれた、科学者らによる国際会議だった。各地の海でプラスチック粒子による海洋汚染が確認され、これを生物が飲み込むことなどによって海の環境に悪影響を与える可能性がある、というのが会議の結論だった。直径五ミリ以下のものをマイクロプラスチックとすることもこの場での合意が基になっている。

マイクロプラスチックは、プラスチックごみが海を漂ううちに波にもまれたり、紫外線の影響を受けたりしてできるものが多い。洗顔料や歯磨き粉などの汚れを落とす効果を増すために人工的につくられ、加えられるポリエチレンなどの微粒子で「マイクロビーズ」と呼ばれる物質の存在も知られている。また、ポリエステルなどの化学繊維を洗濯、乾燥したときに、微細な繊維状のマイクロプラスチックファイバーが発生することも分かってきた。

マイクロプラスチックが注目されるのは、世界中の海に汚染が広がっていることが相次いで報告されたからだ。九州大や東京海洋大のグループは、日本近海の海水中のマイクロプラスチックを調べる一方、二〇一六年二月には観測船を使って南極海から赤道域までのマイクロプラスチック量を調べ、「マイクロプラスチックが南極海にも存在していることを確認した」と同年、海洋汚染の専門誌「マリン・ポリューション・ブレティン」に発表した。

調査は一～二月、オーストラリアと南極大陸の間の五カ所で実施。目の細かい網を引いて海面近くの浮遊物を採取すると、南極に近い二カ所では海水一トン当たり〇・〇五～〇・一個と特に多くの粒子が見つかった。一平方キロに約一四万～二九万個ある計算で、北半球の海で平均的な約一〇万個を上回る数となった。ただ南極海の全体状況を推定するにはデータが足りず、粒子がどこから出たかも分からないという。

日本近海には多くのマイクロプラスチックが浮遊しており、海水一立方メートル当たり一

写真15　大量のマイクロプラスチックが含まれていることが分かった北極の海氷のサンプル．アルフレッド・ウェゲナー研究所提供．

〇〇個を超える大量の粒子が見つかる場所も少なくないことも判明、その量は世界平均に比べて二七倍も多く、日本周辺の汚染の深刻さが示された。九州大学の磯辺篤彦教授によると、汚染は南半球より北半球の方が激しく、特に東アジア周辺の海域のマイクロプラスチックの数が多いという。

北極の氷を分析したのはドイツのアルフレッド・ウェゲナー研究所などのチームだ。砕氷船を使い二〇一四～一五年に北極圏の五カ所で採取した氷中のマイクロプラスチックの量や種類を分析。氷を溶かして海水一リットル当たりの数を調べると、最大一万二〇〇〇個に上り、これまで韓国やデンマークの沖などで報告された世界最悪レベルに匹敵する量だった。最も量が多かったのは、グリーンランドとノルウェー領スバルバル諸島の間にあるフラム海峡で採取した氷だった。フラム海峡に近く、グリーンランドの陸地とつながっている海氷からも、四一〇〇個と比較的多くの粒子が確認された。最も少ないスバルバル諸島北側の海氷にも一一〇〇個が含まれていた。氷の中には多数の粒子が凝縮されて蓄積されているようだ（**写真15**）。

確認された粒子の六七％は、粒径が〇・〇五ミリ以下と極めて小さく、生物の体内に取り込まれやすいものだった。海流の解析で、一部は太平洋北部にある「ごみだまり」から運ばれてきたと推測された一方、北極圏の漁業活動が起源とみられる粒子もあった。

プラスチックは一七種類が確認され、包装容器などに使われるポリエチレンが多かったが、ナイロンやポリエステルなど衣料品起源とみられるものや、たばこのフィルターに使われるアセテート繊維なども見つかった。

研究チームが懸念するのは、地球温暖化で海氷が解けることにより汚染が拡散することだ。北極域は温暖化による気温上昇が他の地域に比べて激しいので、今後の動向に注意が必要だという。

世界中の海には、海流によって浮遊するプラスチックごみが大量に集まる場所があることが知られている。これらは「ごみベルト」「ごみパッチ」などと呼ばれ太平洋と大西洋の南北にそれぞれ二つずつ、それとインド洋の一つの計五カ所があるとされる。二〇一二年と少し前の研究報告だが、これらのごみだまりの中に漂っているマイクロプラスチックの数は五兆個にもなるとの試算が示されている。

ハワイの北方にある北太平洋のごみベルトについて、二〇一八年、オランダのオーシャン・クリーンアップ基金やデンマーク・オールボー大学などのグループが興味深い研究成果を発表している。北太平洋の米カリフォルニア州沖からハワイ沖にかけて、海を漂うプラスチックごみが集まる「太平洋ごみベルト」にあるごみの総重量が約七万九〇〇〇トンに達し、マイクロプラスチックを中心に一兆八〇〇〇億個が漂っているというものだ。二〇一五年から一六年にかけて、船を使った採取調査や飛行機による上空からの観察を実施。コンピューターシミュレーションを加えて面積やごみの量を推計した。

ごみベルトの面積は一六〇万平方キロで日本の面積の四倍超にもなる。ここに集まったごみの九四%がマイクロプラスチックとみられ、数は二〇一四年の試算の約一〇倍に上った。また、総重量も、二〇一四年に別の手法で試算した量の一六倍にもなり、研究グループは「プラスチックごみの海洋汚染が進んでいる可能性が高い」と対策強化を訴えている。

興味深いのはごみの由来に関する研究だ。集めたごみの中で表示などから製造場所が分かった三八六個のうち、日本のものが一一五個(約三〇%)と最も多かったのだ。海流で運ばれたとみられ、二〇一一年の東日本大震災の津波の影響も考えられる。二番目に多いのが中国の一一三個だった。ごみの種類は包装用の容器や漁網が多く、確認された最も古いものは一九七七年に生産されたものだった。

生物体内に

マイクロプラスチックの汚染が注目されることの一つは、それが多くの海の生物の体内から検出されるようになったためだ。大きなプラスチック片と違ってマイクロプラスチックは、サンゴのような小さな動物や小魚、貝などの体内にも海水と一緒に取り込まれる。体外に排出される前に小魚を大きな魚や鳥が食べれば、マイクロプラスチックはその体内に移行する。こうしてマイクロプラスチックは食物連鎖のピラミッドを徐々に上っていき、最後は人間の体内にまで到達する。欧州では、人気のシーフードの一つである市販のムール貝の中から、かなりの量のマイクロプラスチックが検出され、マイクロプラスチック問題は「食物汚染」の色彩を帯びつつある。

東京農工大学の高田秀重教授は、プラスチック汚染やその中に含まれる有害化学物質による汚染研究のエキスパートだ。二〇一六年、高田教授らのグループは、東京湾で捕れたカタクチイワシの八割近くの内臓からマイクロプラスチックを検出したとの調査結果を発表した。研究グループは二〇一五年八月、東京湾で捕ったカタクチイワシ六四匹の消化管の中を調べた。この結果、四九匹から計一五〇個のマイクロプラスチックを検出し、〇・一〜一ミリの大きさのものが約八割を占めた。また約一割は、古い皮膚や汚れをこすり落とすため、洗顔料などに入れられている「マイクロビーズ」と呼ばれる微粒子だった。通常は下水処理場で取り除かれるが、大雨で下水管があふれた際に東京湾に流れ込んだと考えられるとのこと。魚の体内から見つかったのは、国内で初めてのことで、餌と間違えて飲み込んだ可能性があるという。検出率は「予想より高く、東京湾の魚は日常的にプラスチックを食べていると考えられる。世界の報告例と比べても多い方だ」というのが高田教授の見方だった。

京都大学のグループは二〇一六年の一〇〜一二月にかけて、女川湾《おながわ》(宮城県)、東京湾、敦賀湾（福井県）、英虞《あご》湾と五ヶ所湾（三重県）、琵琶湖（滋賀県）、大阪湾を調査。計一九七匹の魚を採取し、消化管を調べたところ、四割に当たる七四匹からマイクロプラスチック計一四〇個が見つかったと発表している。検出率が最も高かったのは東京湾のカタクチイワシで約八割に達した。次いで大阪湾のカタクチイワシが五割近く、女川湾のマイワシが四割だった。カタクチイワシやマイワシは、吸い込んだ水をえらでろ過してプランクトンを食べるため、餌と一緒にマイクロプラスチックを飲み込んでいるらしい。こうした魚からは五割強で見つかり、アジなど他の食べ方をする魚の約二割を大きく上回った。

高田教授らはその後、東京湾や沖縄県・座間味島《ざまみじま》の海岸の二枚貝の中に大量にマイクロプラスチックが蓄積していることも報告している。二〇一五～一七年に東京都と川崎市の東京湾でムラサキイガイとホンビノスガイを、座間味島ではイソハマグリを採取し、体内を調べたところ、採取した二七個の貝のすべてからマイクロプラスチックが見つかった。粒子の数は座間味島の貝が最多で、身の重さ一グラム当たり二三個。東京湾は河口部で数が多く、川崎市のムラサキイガイで同一〇個だった。国内の生物からほとんど検出例がない繊維状のマイクロプラスチックも確認された。座間味島の海岸には、アジア諸国からのものを含め多数のプラスチックごみが漂着しており、これが貝の中の粒子が多くなる原因らしい。

同様の結果は世界各地から報告されている。二〇一八年には、陸地から遠く離れた大西洋の深さ三〇〇～六〇〇メートルにいる深海魚の体内にまでマイクロプラスチックが蓄積していることをアイルランド国立大学の研究グループが報告している。二〇一五年四〜五月、カナダ東部・ニューファンドランド島の約一二〇〇キロ沖合の大西洋北西部で、体長三センチほどのハダカイワシの仲間やヘビトカゲギスなど七種、計二三三匹の深海魚を捕獲。消化管の中を調べたところ、七三％に当たる一七一匹から平均二個程度のマイクロプラスチックが見つかった。最多は一三個と、これまで各国で報告された魚からの検出例に比べて多く、検出率も以前に大西洋で行われた調査の一一％よりかなり高かった。ハダカイワシなどは中層性魚類と呼ばれ、夜に表層近くに浮上して餌を取るため、漂っている粒子を体内に取り込みやすいらしい。これらの魚はいずれも資源量が多く、マグロやイルカ、海鳥などの餌として海の食物連鎖の中で重要な役割がある。グループは「マイクロプラスチックはポリ塩化ビフェニル（ＰＣＢ）などの汚染物質が吸着し、高濃度になりやすい。深海の生態系や、魚を食べる人間の健康にも悪影響を与えかねない」と警告した。

二〇一九年二月には、英ニューカッスル大学などが、太平洋マリアナ海溝の最深部のチャレンジャー海淵、水深一万メートルを超える場所に生息している甲殻類の体内からマイクロプラスチックを検出したことを報告するなど、汚染の広がりは深刻だ。ほぼ世界中の海全体でマイクロプラスチック汚染が進んでいると考えていいだろう。

汚染の運び屋

体内に入ったマイクロプラスチックが生物に影響を与えることも懸念されている。日本では二〇一八年七月、東京経済大学の大久保奈弥准教授らが、マイクロプラスチックがサンゴやイソギンチャクの体内に簡単に取り込まれ、サンゴと共生して光合成を行う褐虫藻とサンゴの関係を阻害することを報告している。

このような粒子による物理的な影響とは別にマイクロプラスチックの生物への影響として注目されるのが、プラスチックに含まれる有害物質の影響だ。プラスチックには、それを加工しやすくするための可塑剤、燃えにくくするための難燃剤、紫外線による劣化を防ぐための紫外線吸収剤などさまざまな化学物質が場合によってはかなりの高濃度で加えられる。中には国際条約で使用が規制された臭素系の難燃剤のように生物への毒性が極めて強いものもある。さらに表面積が大きい粒子状の物質は、水中を漂ううちにＰＣＢなど、海水中にある有害物質を吸着し周囲に比べて高濃度になることが分かってきた。

さらに、これらの有害物質がマイクロプラスチックとともに生物の体内に取り込まれると、そこで体内の脂肪中に溶け出して、別の組織に移動し、生物の体内に蓄積することも分かってきた。マイクロプラスチックがこれまで知られていなかった有害物質の「運び屋」としての役割を果たす、というわけだ。

前出の高田教授らは、マイクロプラスチックに元々含まれていたり、表面に吸着されたりした有害化学物質が、貝などの生物の体内に取り込まれ、生殖器官などに蓄積することも報告している。二〇一八年一〇月に沖縄県の座間味島の大量のプラスチックごみやマイクロプラスチックが漂着した海岸で貝の一種イソハマグリや、ムラサキオカヤドカリなどを採取。体内の有害物質濃度を分析し、島内のプラスチックごみがほとんどない地域で採取したものと比較したところ、汚染が激しい地域のムラサキオカヤドカリからは、マイクロプラスチックが体重一グラム当たり最大四八二個も見つかった。一方、非汚染地域の個体では、ほとんど見つからなかった。ヤドカリの肝膵臓という臓器からは、プラスチックを燃えにくくするために加えられる毒性の強い臭素系難燃剤の一種が、高濃度で検出されたほか、有害なＰＣＢの体内濃度は、ヤドカリもイソハマグリで高かった。

また、海水中のＰＣＢなどの汚染物質を吸着させたポリエチレンの微粒子を入れた水でムラサキイガイを飼育するという室内実験からは、いったん体内に取り込まれた粒子は実験開始から二四日後にほとんど排出されたが、生殖器官中のＰＣＢ濃度は高いままであることが判明。ＰＣＢが粒子から溶け出して移行、蓄積したことが分かった。

高田教授は「マイクロプラスチックが有害化学物質を生物体内に運ぶ経路となっている。人間を含め、このような形で体に入る影響を詳しく調べる必要がある」と指摘する。

投与量の多い室内実験だが、マイクロプラスチックに吸着した化学物質により、それを食べたメダカなどの肝機能の障害が観察されたことや、オーストラリアの海鳥では、マイクロプラスチックを高レベルで摂取した幼鳥ほど衰弱の程度が高いことなどが報告されており、マイクロプラスチックに含まれる有害物質の影響を調べることが今後の大きな課題となっている。

マイクロプラスチックは、魚介類はもちろん、食塩やペットボトルに入った水などからも頻繁に検出されており、人間もかなりの量のマイクロプラスチックを摂取していると考えていい。

その証拠の一つが、「マイクロプラスチックが、日本を含む八カ国の人の便に含まれていた」とのウィーン医科大学などのチームによる二〇一八年一〇月の研究成果だ。対象者の少ない予備的調査の段階だが、一人当たり最大で九種類のマイクロプラスチックが見つかったという。研究チームによると、人の体内への摂取を確認した研究は世界で初めて。食べ物や飲み物を通じて取り込んだとみられる。

日本とオーストリア、フィンランド、イタリア、オランダ、ポーランド、ロシア、英国に住む三三～六五歳の計八人の便を分析。全員から、大きさが〇・〇五～〇・五ミリのマイクロプラスチックが見つかった。便一〇グラム当たり平均二〇個が検出された。食品の包装などに使われるポリプロピレンや、ペットボトルの素材のＰＥＴ樹脂などが多かった。検出との因果関係は不明だが、食事の記録から八人全員がプラスチックで包装された食品や、プラスチック容器に入った飲み物を摂取しており、六人は魚を食べていたという。

世界保健機関（WHO）は、飲料水中のマイクロプラスチックについて、現状では人体に大きな危険はないとしているし、体内に入ったマイクロプラスチックは比較的短時間で体外に排出されるとしている。

人間が食べ物などから体内に取り込むプラスチックの量は毎週約五グラム、クレジットカード一枚分にもなるとの試算もある。マイクロプラスチックの食品汚染に対する過剰な反応は禁物だが、有害化学物質の影響など分かっていないことがまだ非常に多いし、今後、プラスチック汚染はどんどんひどくなっていくとの予測がされる。さらなる研究と監視が必要なのは言うまでもない。そして、何よりも重要なのは、環境中に出るプラスチックごみの量を早急に減らしていくことだ。

世界に先駆けレジ袋禁止・ルワンダ

二〇一一年の春、筆者は著名な米国の霊長類学者とともにルワンダの首都、キガリの空港に降り立った。パスポートチェックに向かう時「テツジ、この国ではプラスチックバッグが禁止だから、持って出ちゃだめだよ」とこの学者がささやく。「プラスチックバッグ？　ああレジ袋のことか。そういえばこの国ではレジ袋が禁止されていたんだ」。

人種対立から国民同士が殺し合い、一〇〇万人近くが命を落とした悲惨な内戦から二〇

写真 16　レジ袋の使用を禁止したルワンダの首都・キガリ郊外の町並み．ごみは少なくきれいだ．2016 年 11 月，筆者撮影．

年近く、ルワンダは復興を遂げていた。

このアフリカの小国のリーダーが二〇〇八年に導入したのが国内でのプラスチック製レジ袋の使用や販売を禁止する、という今にして思えば極めて先駆的な政策だった。

空港内で預けた手荷物をピックアップする場には国の監視員がいてレジ袋を取り上げる。バッグの中の荷物を床の上に広げ、トランクの中に押し込んでいる旅行者の姿もあった。

首都キガリの町は清潔で紙製の袋が当たり前になっていた。滞在中に訪ねた市内のごみの埋め立て地でも、大量のレジ袋がひらひらと風になびき、時には飛んでいく、という他の途上国では当たり前の光景は見られなかった。

「みんなそれほど文句は言っていません。紙製の袋なら国内でもつくれるので雇用と収入の拡大にも貢献しているということもあるでしょう」というのが現地の研究者の話だった（**写真16**）。

使い捨て文化の象徴

レジ袋は使い捨てプラスチックの象徴的な商品の一つだ。先進国だけでなく、途上国でも大量に使用されるが、回収やリサイクルは難しく、軽く、飛ばされやすいのでごみになりやすい。ポリエチレン製なので比較的壊れやすく、マイクロプラスチックにもなりやすいとされる。日本の海洋研究開発機構の深海探査機は、水深一万メートルを超える深海底で捨てられたレジ袋を確認している。世界の消費量は年間五兆枚、敷き詰めるとフランスの国土が二重にカバーできる、との試算もあるほどだ。

深刻化する海のプラスチック汚染対策として、レジ袋の使用を禁止するルワンダのような国や、中には一〇円近くの課金をして使用量を減らそうとする国が増え、世界で九〇カ国近くがそのような政策を導入している。

写真17　東京都内のJRの駅のごみ箱．大量のプラスチックごみであふれている．筆者撮影．

日本の消費量については年間五〇〇億枚、一人当たり約四〇〇枚との推定がある。欧州連合（EU）の中にも、旧ソ連圏諸国を中心に年間一人当たり五〇〇枚以上を消費する国がかなりあるが、二七カ国の平均は同約二〇〇枚、ドイツやフィンランドでは使い捨てレジ袋はほとんど使われていない。EUはこれを二〇一九年中に半減させ、二〇二五年末までには四〇枚に減らすとの目標を掲げているのだから、日本の消費量の多さが分かる。

レジ袋はごみになると始末が悪い。回収は難しく、風に飛ばされて簡単に海まで運ばれ、海上でも漂い続ける。

世界で最初にレジ袋の使用を法律で禁止したのは先に紹介したルワンダだ。アフリカではそれだけレジ袋によるプラスチックごみ問題が深刻であるということだろう。チュニジア、モーリタニア、タンザニア、ケニアなどがルワンダの後に続き、レジ袋の使用を禁止した国の数は三〇を超える。

ケニアの場合、悪質な違反者には二年から四年の禁固刑と二〇〇ドルから最高四〇〇ドルの罰金、という厳しさだ。ケニア政府の担当者に話を聞いたところ「当初、業界などには強い反対があったが、長い議論を続けることで徐々に理解は広がった。反対は残ったが、禁止を支持する国民の声は大きく、後ろ盾になった」とのことだった。

これが世界で最も厳しいレジ袋禁止法、といわれたのだが、アーダーン首相の強いリーダーシップで、短期間の議論で二〇一九年七月にレジ袋の使用を法律で禁止したニュージーランドの場合、悪質な違反者の罰金は最高で一〇万ニュージーランドドル、日本円にすると約七〇〇万円というから驚いてしまう。

日本も二〇〇六年にレジ袋を法律で有料化する直前まで行ったのだが、コンビニ業界などの強い反対で、見送られ、企業の自主的な取り組みで減らすことに落ち着いた。それでもプラスチックごみ汚染が深刻化するのを背景に、ようやく二〇二〇年七月から、ごみ削減のため有料化が義務づけられる。だが、多くの例外が認められたうえ、価格や収入の使い道は業者任せ。使用量を減らすにはかなりの高額にしなければならないのだが、そうはなりそうもない。

高額の料金を課し、不要なものは店頭で回収、一部を返金するデポジット制度の導入を検討すべきかもしれない。回収やリサイクルは進むし、ポイ捨てをする人も少なくなるはずだ。

そもそもコンビニエンスストアでは、店員がレジで袋を開けて待っていて、パッと袋に入れてしまうことが多いので、レジ袋を断るのは難しい。業界団体は「このままでよろしいですか」との声かけを奨励しているというのだが、正直、あまり聞いたことがない。

しかも、食品包装容器などを含めた使い捨てプラスチック全体に占めるレジ袋の比率は小さく、レジ袋対策は、根本的な使い捨てプラスチックごみ削減対策のほんの入り口でしかない。

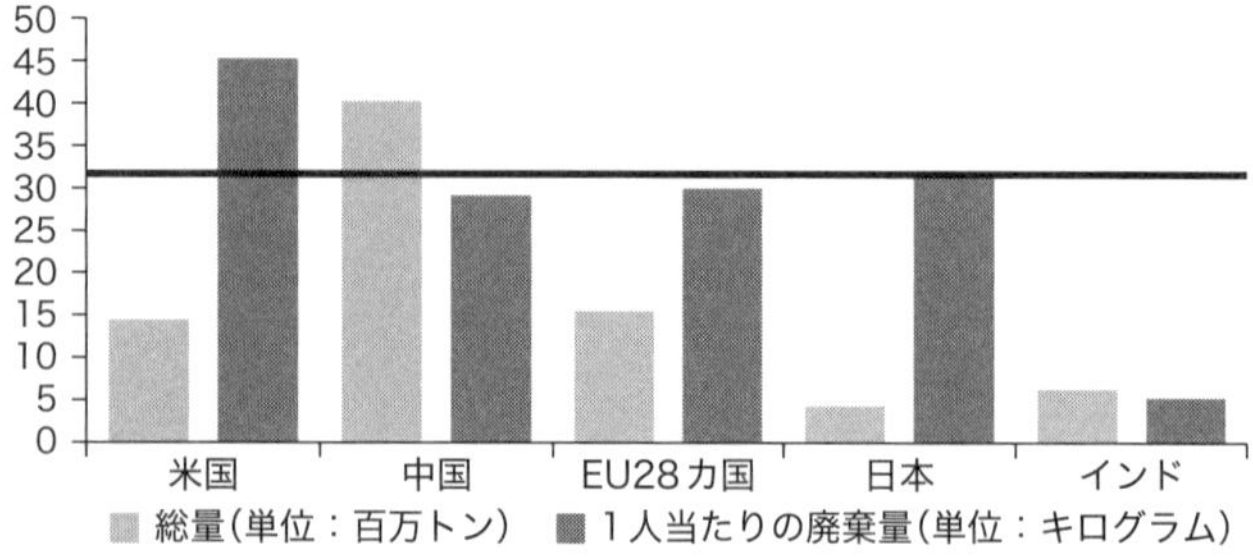

図11　国別のプラスチック包装容器廃棄量(2014年)．日本の1人当たりのプラスチック包装容器廃棄量は，米国に次いで多い．UNEP・環境省による．

大きい日本の責任

このようにプラスチックごみによる海洋汚染はわれわれ日本人の暮らしにも深く関わっている。国連などによると、プラスチック包装ごみの一人当たりの発生量は日本では年間約三〇キロで、米国に次いで世界第二位と多い(図11)。日本における年間五億枚というレジ袋の使用量は、世界平均の六倍に近い。年間のペットボトルの生産は約二三〇億本で、年々、増加傾向にある。日本ではこれを分別回収する仕組みが整備されており、回収率は九〇％に上る。だが、たとえ回収率が九〇％でも、母数があまりに大きいので年間二〇億本以上のペットボトルが未回収のまま、どこかにいっている計算だ。この一〇％が海に流れ出しただけでも、とてつもない量の海ごみになる。

日本で毎年、生産、販売される傘の本数は一億二〇〇〇万本から一億三〇〇〇万本だとの統計がある。実際の統計はないのだが、この多くがプラスチックを多用した「ビニール傘」である。台風や暴風雨の後に、路上に捨てられた多数のビニール傘を見かけた経験を多くの人が持っているだろう。

しかも町に出れば三六五日二四時間営業のコンビニエンスストアがあって、プラスチックに包まれた食品やペットボトル入り飲料、カップのコーヒーなどがいつでも手に入る。通りには二〇〇万台ともいわれる清涼飲料の自動販売機が並び、ここでもいつでも簡単にペットボトル入りの飲料を買うことができる。これほど使い捨てのプラスチックに依存した生活をしている国民は、世界的にもそうはないはずだ。日本の太平洋岸の大都市は、プラスチックごみの大きな排出源で、ここから出た使い捨てのプラスチックごみの多くが、遠くハワイ沖の北部太平洋ごみベルトにまで流れ込んでいるのである。

日本の責任は大きいのだが、欧州や米国の一部の州などで導入された使い捨てプラスチックの使用規制もまったくの手つかずで、対策には遅れが目立つ。

日本では年間約九〇〇万トン出るプラスチックごみの七〇％前後が焼却に回っている。石油由来のプラスチックごみを燃やせば当然、二酸化炭素が放出される。これが、地球温暖化の原因となり、海水温度を上げ、海水の酸性度を高めることになる。

深刻化する海のプラスチック汚染や大量のプラスチックごみを体内に抱えて死んだコアホウドリ、鼻の穴にストローがささったウミガメなどの画像が、メディアで取り上げられることが多くなってきた。

　これらの画像は、四方を海に囲まれた国で、海の資源に多くを依存する暮らしをしている日本人が、使い捨てプラスチック製品の生産や使用自体を思い切って減らすための努力、使い捨てプラスチックに極度に依存した経済社会と日常生活を根本から見直すときにきていることを訴えている。

◆コラム　七割は燃やしている

　日本で毎年、発生するプラスチックごみの量は約九四〇万トン。「日本人はこれをきちんと分別し、リサイクルしている」と思っている人が多いはずだが、その処理方法の流れを見ると、決してそうはいえないことが分かる。

　プラスチックのリサイクルには、プラスチックをもともとの物質として再利用する「マテリアルリサイクル」と、プラスチックを化学的に処理して有用物質を取り出し、化学製品の原料としてリサイクルする「ケミカルリサイクル」の二種類がある。環境省によると、九四〇万トンのうち、マテリアルリサイクルに回ったのは全体の二二％、ケミカルリサイクルは三％でしかない。単に燃やしてしまうものが一〇％、埋め立てが八％。残りの五七％は廃棄物発電や燃やして熱を回収するといった形で「有効利用している」というのが政府や業界の主張だ。政府は、これを「サーマル（熱）リサイクル」と呼んで、リサイクルの一手段としているのだが、これは日本だけの言葉で海外では通用しない。

つまり、日本で発生するプラスチックごみの六七％は焼却に回っているのだ。しかもマテリアルリサイクルの二二％のうち、一八％分は海外に輸出されているので、国内で本当にマテリアルリサイクルに回るものは全体の四％程度、ということになる。

写真 18 プラスチックのリサイクル工場．東京都港区内で筆者撮影．

プラスチックのほとんどが石油起源なので、燃やせば地球温暖化の原因となる二酸化炭素の発生源になる。石油の採掘から生産、輸送、焼却まですべてを含めれば使い捨てプラスチックの大量使用による温暖化の影響は無視できず、今後、使用量が増えれば影響はさらに拡大する。リサイクルをしていればいい、というのは間違いで、何よりも使い捨てのプラスチックの生産、使用量自体を減らす努力が必要だ。

4 広がるデッドゾーン——減り続ける海の酸素

生き物のすめない海・パラワン島(フィリピン)

写真19 捨てられたごみが目立つフィリピン・パラワン島の海岸. 2007年10月, 筆者撮影.

海は近くにあるはずなのに、海岸は見えなかった。漂ってくるのは磯の香りではなく、物が腐ったような汚水の臭気だった(**写真19**)。流木や壊れた舟から取った木材をつなげた粗末な木道がくねくねと続き、その両側に粗末な木造の家がびっしりと並ぶ。ごみ捨て場から拾ったプラスチック製のレジ袋で作った凧で遊ぶ子供たちの声が響く。多くの家は一間か二間だけ。足を踏み入れるとギシギシと音がする。二〇〇七年一〇月に訪ねたフィリピン南西部、パラワン島の港湾都市、プエルト・プリンセサの海岸には

写真20　フィリピン・パラワン島の海岸にびっしりと並ぶ貧しい住民の粗末な家．2007年10月，筆者撮影．

貧しい漁民たちの粗末な家がびっしりと並んでいた（写真20）。元々の岸辺に近い大きな家には、一〇人を超える多くの家族が暮らし、異臭を放つ豚小屋や鶏小屋まである。下水処理施設などはまったくなく、汚水や汚物はすべて海に垂れ流しだ。小さな漁船が引き上げられた砂浜は、家々から出る多数の木々やプラスチックのごみで埋め尽くされていた。沿岸の海の一部は緑の海藻にびっしりと覆われ、ある所は底の泥からブクブクとメタンガスが湧き上がっていた。

「木道はどんどん沖に伸び続け、家が次々と建てられて、いつのまにかこんなスラムのようになってしまった。他の地域では魚が減って漁業が立ちゆかなくなったため、まだ、魚が捕れるこの島にやって来る漁民が増えている」と、この島の漁師の家に生まれ、二五年近く政府の漁業指導員を務めるロベルト・アブレラさんがこう話す。「住む人が急に増えて、沿岸の汚染が深刻になっている。ちょっと前まではマングローブの林があった沿岸も今では富栄養化が進んで、生き物のすめない海になってしまった。昔は沿岸のどこにでもいて、大きな収入源になっていたナマコもすっかり捕れなくなっている」。

発展途上国では人口が急増し、多くの人が衛生的なトイレを使えず、下水処理サービスも受けられないでいる。国連によればその数は四二億人に上る。ここ、パラワン島沿岸の貧民住宅に暮らす人々もその中に含まれる。大量の生活排水は未処理のまま海に流れ込み、海を汚染する。農業活動からのリンや窒素などの流入も加わり、多くの海で富栄養化が進む。やがて多くの生物が生きるために必要な酸素のない「死の海」と化す。「貧酸素海域」と呼ばれるこのような海の拡大は、世界の海が抱えるもう一つの重大な環境問題だ。そして最近になって、進行する地球温暖化が、海の酸素の減少を招いていることも分かってきた。

＊　＊　＊

二〇一九年一二月、スペインのマドリードで開かれた気候変動枠組み条約第二五回締約国会議（COP25）は、議長国を務めたチリの意向で、「気候変動と海の関連」が主要テーマの一つとされた。チリ政府のパビリオンでは連日のように海をテーマにしたイベントが開かれた。

この中で、世界のメディアや各国政府の大きな注目を集めたものが、世界の科学者や政府、市民団体などでつくる国際自然保護連合（IUCN）による、世界の海の酸素減少に関する報告書の発表だった。「海の酸素減少　すべての人の問題」と題した報告書は五五〇ページを超える大部で「世界の海で進む酸素減少問題の現状や原因、可能な対策に関する初めての包括的なレポート」だという。

生物が生きてゆくのに欠かせない酸素。それが徐々に少なくなり、場所によっては酸素がほとんどない「デッドゾーン(死の海域)」が世界各地で広がっているというのだ。

死の海域

海水中の酸素濃度は、生物活動や有機物の分解などによって消費される酸素の量と、大気とのやりとりで海水中に溶け込んだり、植物プランクトンによる光合成でつくられたりする酸素の量との微妙なバランスによって決まり、維持されている。

沿岸の海に、生活排水や農業排水に含まれる栄養分のリンや窒素が大量に流入することでこのバランスが狂い、酸素の少ない「貧酸素海域」が形成されていることは、古くから知られてきた。

これは、多くの栄養物質を餌にしてプランクトンが大量に発生し、その死骸が海底に蓄積されることによって起こる。プランクトンの死骸が微生物によって分解される過程で、大量の酸素が消費され、水に溶けた酸素の量が極めて少ない「貧酸素水塊」という水の塊が形成される。これは海水の流れが少ない閉鎖性水域や内湾、海底の窪地などでできやすい。ここでは水に溶けた酸素の量が極めて少ないため、通常の生物は生きてゆくことができない。生息できるのは、酸素がない場所を好む特殊な細菌くらいだ。東京湾などで毎年のように発生し、時には海の生物の大量死を招く「青潮」の正体もこの貧酸素水塊だ。

海水の富栄養化が進むとこのように酸素が少なく生物がすめない海域がどんどん広がっていく。これが「デッドゾーン」だ。

「酸素の濃度が少ない「デッドゾーン」の場所は、一九六〇年代以降、増加の一途をたどり、二〇〇〇年には少なくとも一五〇カ所確認された。この数は一九九〇年から倍増している」――。国連環境計画(UNEP)が、デッドゾーンの拡大を地球環境に関する年次報告書での「新たな問題」として報告したのは二〇〇四年のことだ。当初は赤潮の発生が知られる日本の瀬戸内海など西日本の閉鎖性水域をはじめ、北海や地中海、米国東海岸やメキシコ湾などで多かったが、フィリピンやタイなどの東南アジアや南米などにも広がりを見せていた。多くは一平方キロよりも狭いエリアだったが、中には七万平方キロ近くにもなる広大な海域もあった。

報告書は「デッドゾーンの拡大は、魚やエビ、貝などの漁業をだめにするだけでなく、海の生物多様性にも多大な悪影響を与える」と指摘し、肥料など農業由来の窒素やリンの流入を減らすことや、適切なトイレや下水処理システムの整備が急務だと各国政府に呼び掛けた。

だが、その後もデッドゾーンの拡大傾向に歯止めがかかることはなかった。手法が異なるため直接の比較はできないが、二〇〇八年に、米国の著名な環境シンクタンク、世界資源研究所(WRI)が発表した報告書によれば、日本や欧米の先進国から発展途上国の一部まで、

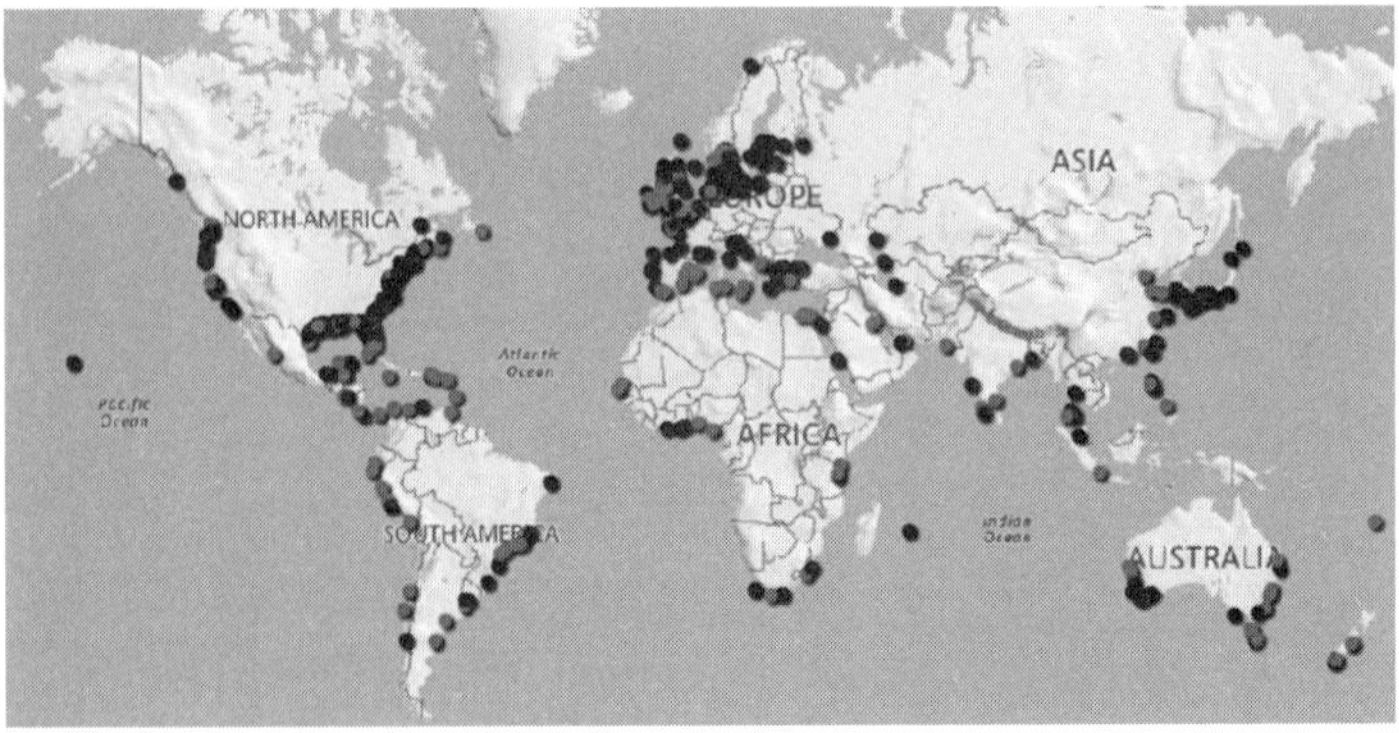

図12　海のデッドゾーンの分布．UNEP による．

世界の少なくとも四一五の沿岸域で、アオコや赤潮が発生しやすい富栄養化が起き、さらに状況が悪化して生物がすめない海域の数も急増しているとされた。

ＷＲＩは、自らの調査に各国政府の資料や研究報告などを加え、世界の富栄養海域のデータベースと地図を作成（図12）。一九六〇年ごろからの傾向も調べた。富栄養化が確認されたのは日本、米国、カナダ、欧州などの沿岸が中心。四一五カ所のうち、状況が特に深刻で生物がすめない貧酸素海域は一六九カ所で、六〇年の一〇カ所、九五年の四四カ所から急激に増加していた。状況が改善に向かっているのは一三カ所だけだった。

富栄養化した海域では、プランクトンの異常発生による赤潮、生物の大量死やサンゴの死滅などが起きており、貝毒の増加などで人の健康にも影響が出ていた。

ＷＲＩのミンディ・セルマン研究員によれば、農業排水中に含まれる窒素の量が増えていることや、魚の乱獲などによる海の生態系破壊が原因だという。

通常の海水表面中の酸素濃度は高い場合には一リットル当たり七〜八ミリグラム程度だ。魚介類が良好に生存するためには、同五ミリグラム以上、少なくとも同三ミリグラムは必要だとされる。三ミリグラムより低くなると、多くの魚がその海域から逃げ出すことが分かっている。二ミリグラムより少なくなると、好気性の微生物さえ生息が難しくなり、魚はほとんど見られなくなる。同一・五ミリグラムより酸素が少ない海域ではエビやカニなどもいなくなる。一般に「デッドゾーン」と呼ばれるのは、同二ミリグラム以下にまで酸素濃度が低下した海域のことだ。

この「低酸素」の状態からさらに酸素が減少し「無酸素」の状態になると、生物はほとんどいなくなり、酸素がない環境を好む特殊な細菌だけの海になってしまう。

デッドゾーンが広がる大きな原因の一つは、人間活動によって環境中に放出される窒素の量が過去数十年間にわたって急増していることだ。

一九〇六年、大気中にある窒素を固定してアンモニアをつくる手法を手にした人類は安価な窒素肥料を大量に使えるようになった。この技術は農業生産の拡大に大きく貢献し「空気からパンをつくる」といわれたほどだ。以来、人類は大量の窒素肥料を地上や海の生態系に放出してきた。これに加えて、化石燃料を燃やすと大気中の窒素を基に窒素酸化物が発生し、その多くがやがては地上や海に降り注ぐことになる。さらに大豆などの栽培面積が増えれば、

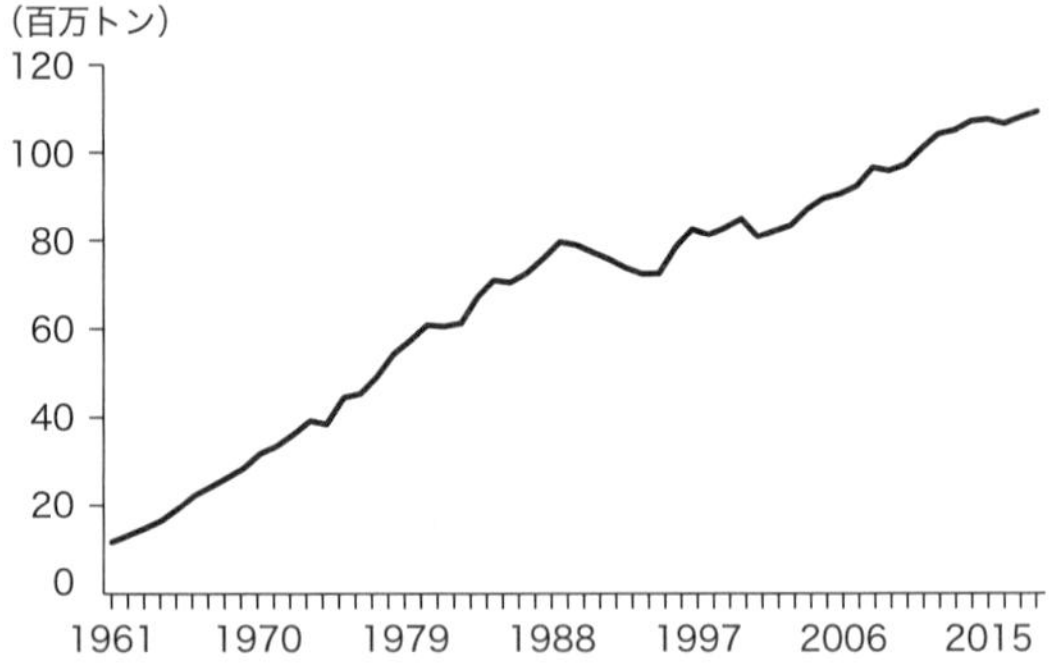

図13　世界全体の窒素肥料の消費量の推移．FAOによる．

菌根菌によって固定される窒素も増える。こうして、環境への窒素の負荷は二〇世紀初め以降、一貫して増え続けている。図13は窒素の環境への負荷が特に一九六〇年以降、急増したことを示している。この傾向と歩調を合わせるように、世界の海で酸素が少ないデッドゾーンが拡大している。

深い海でも

人間活動の場に近い、沿岸海域、それも表層部を中心とする環境問題と受け止められてきた海水中の酸素濃度の減少が、外洋を含めた世界の海の広い範囲で進み、場合によっては海のかなり深い部分にまでその影響が及んでいることが分かってきた。そしてその原因は、人間が引き起こす地球の温暖化である。

二〇〇八年五月、米国のスクリプス海洋研究所やドイツの研究チームが、地球温暖化に伴う海水温上昇によって、酸素不足で微生物などが生息できなくなる海域が熱帯を中心に拡大していることを突き止めたと、米国の科学誌「サイエンス」に発表した。

研究チームは、一九六〇年以降の約五〇年間に記録された世界の海の観測データを解析。深さ三〇〇～七〇〇メートル程度の海中に存在する酸素濃度が低い海水の分布を調べた。

その結果、ハワイ近くの赤道付近の太平洋やアフリカ西岸の大西洋の海中で、酸素不足の海域が拡大していることが分かった。大西洋の観測点では、水深五〇〇メートル前後にある酸素不足の海水層の厚さが一九六〇年の三七〇メートルから二〇〇六年の六九〇メートルに拡大。この間、一帯の水温は年平均約〇・〇一℃上昇していた。研究チームは、このまま温暖化が進めば「海の砂漠化」が生じ、生態系に大きな影響を及ぼすほか、漁業資源の減少など経済活動にもダメージを与える恐れがあると警告した。

温度差が拡大

海水中の溶存酸素量、つまり海水中に溶け込んでいる酸素量は、一般に、大気に近い表層で多く、深くなるほど少なくなる。酸素をはじめとする多くの気体は、水温が低いほど、水に溶け込みやすいので、酸素量は極地に近い海ほど多く、熱帯域では少なくなる(図14)。

地球温暖化で海水温度が高くなると、海水中の酸素量は減少する。これは化学的な現象だが、海水温度の上昇は、生物的なプロセスにも影響を与える。

ちゃんと沸かして、温かくなったと思って風呂に入ったら、温まっているのは上の方のお

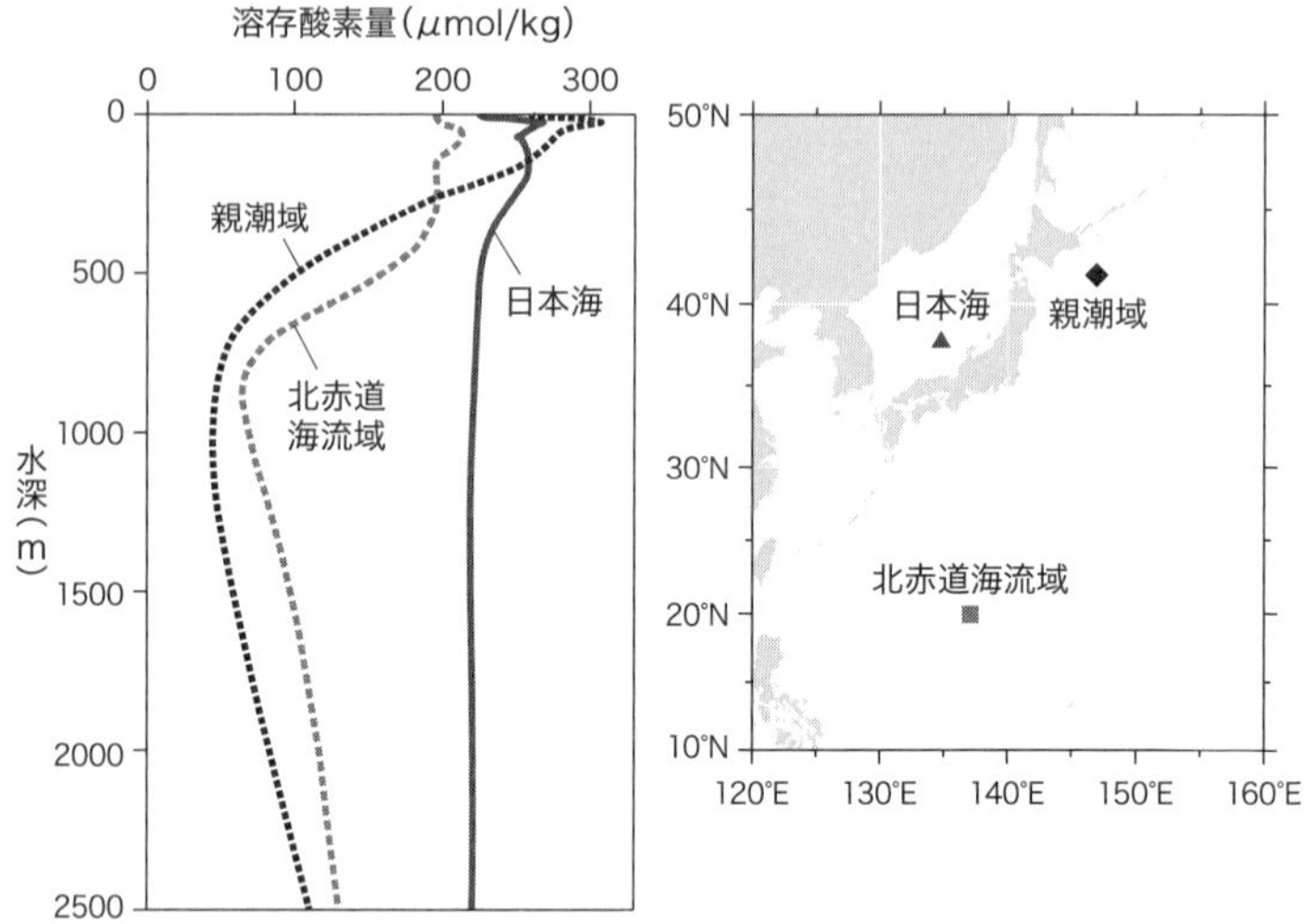

図 14　海水中の溶存酸素量の鉛直分布図．溶存酸素量の単位 μmol/kg は，海水 1 kg 中に含まれる酸素の物質量を μmol（マイクロモル）で表したもの．μ（マイクロ）は 100 万分の 1（$=10^{-6}$）を表す．1 μmol/kg を海水 1 kg 中に含まれる酸素の質量(g（グラム))に換算すると，32 μg/kg と表すことができる．気象庁による．

湯だけで、下の方は冷たいままだった。こんな経験をしたことがある人は少なくないだろう。実は温暖化によって世界の海でもこれと似たようなことが起こっている。そしてこれが海洋の酸素の減少に深く関わっている。

　温暖化によって表層の海水温度が高くなると、温かい水は冷たい水より軽いために、表層の水と深部の水が混ざりにくくなり、海面近くに水温の高い水の層ができるようになる。「成層化」と呼ばれるこの現象が進むことによって、酸素濃度の高い海水が深部に届きにくくなるために、深い部分の酸素濃度はさらに低いものになる。これが、富栄養化とは別のメカニズムで起こる「海の酸素減少」の仕組みの一つである。今、世界の海で起こっている酸素の減少への寄与は、実際の海水温度の上昇よりも、生物活動が活発になることや成層化の方がはるかに大きいといわれている。

富栄養化による酸素の減少が沿岸に近い浅い海で起こっていたのに対し、温暖化が原因の酸素の減少は、もともと酸素が少ない深い海でも起こっている。米メリーランド州にあるスミソニアン環境研究センターをはじめとする世界各国の研究者が、二〇一八年一月に、米国の科学誌「サイエンス」に発表した論文によると、温暖化の影響によって過去五〇年間に、約二%、七七〇億トンもの酸素が海から失われたという。深さ約二〇〇メートル近くにある酸素濃度が低い海域の面積はこの間、約四倍になり、面積では約四五〇万平方キロも増えた。日本列島ほぼ一二個分、欧州連合(EU)の面積に匹敵する広さだ。

二%というのは海洋全体の平均値で、場所によっては酸素量が過去五〇年間で四〇%も減ったとみられる海域もあった。

グループによると、一九五〇年からの約五〇年間で、酸素濃度が海水一リットル当たり二ミリグラム以下にまで低下した沿岸の貧酸素海域の数は五〇〇カ所を超える。一九五〇年以前から貧酸素化が指摘されていた海域はこのうちの約一〇%足らずで、過去五〇年間の酸素の減少が著しかった。場所によっては深い部分の貧酸素水が表面近くに上がってきて、沿岸で起こっている富栄養化による貧酸素化をさらに悪化させることもある。米国西海岸のオレゴン州などでは、このような現象が多く観測されている。

温暖化の悪循環

さらに悪いことに、酸素が少なくなった海域では、低酸素状態を好む微生物の働きによって、二酸化炭素の三〇〇倍以上の温室効果を持つ亜酸化窒素の生産と大気中への放出が増えることも分かってきた。貧酸素水域では植物プランクトンの光合成量も減るので、低酸素水域の拡大によって、大気中の二酸化炭素や亜酸化窒素の濃度が高くなり、これがさらに地球温暖化を悪化させるという悪循環が起こっている可能性も指摘されている。

気候変動に関する政府間パネル（ＩＰＣＣ）の「変化する気候下での海洋・雪氷圏に関する特別報告書（ＳＲＯＣＣ）」も、かなりの部分を割いてこの問題を詳述している。ＩＰＣＣは、一九七〇～二〇一〇年の間に一〇〇〇メートルより浅い海の酸素濃度は最大で三％減少したことがほぼ確実だと指摘。温室効果ガスの排出削減が進まなかった場合、二一〇〇年までに一〇〇〇メートルより浅い海の酸素濃度はさらに三～四％減少すると予測している。

海の中の酸素濃度が減ることは、海の生物の生存に悪影響を与える。酸素量の減少は、時には魚などの大量死につながるし、そこまで深刻でなくても、生物の成長率や繁殖率の低下につながる。スミソニアン環境研究センターのグループは論文の中で、酸素量が減って、生息に適した海域が少なくなった結果、大型のものを含む多くの魚種が表層近くの酸素を豊富に含む海域に集中するようになっていることを指摘している。海洋汚染などによってこれらの生物の生息に適した海域はただでさえ少なくなっているうえ、集まった魚は捕食者や漁業者に捕らえられやすくなり、その数をさらに減らしてしまうことが懸念されるという。

ＩＵＣＮの報告書は、酸素量の減少がプランクトンや海中の植物だけでなく、サメやマグロ、カジキといった大型の生物にも直接的な影響を与える、と指摘する。サメやマグロなどの大型の魚の多くは大きな体で高速で海の中を泳ぎ、新陳代謝が激しいために、小さな魚よりも多くの酸素を必要とするからだ。ＩＵＣＮは「マグロやカジキは酸素量の低下に最も敏感な海の生物だ」と指摘する。しかも今後、地球温暖化が進んだ場合、酸素量の減少は多くの種類のマグロやカジキが餌を取る水深二五〇から七〇〇メートルの海域かつ彼らの主要な生息域である北太平洋や南半球の海で最も激しくなると予想されている。

ＩＵＣＮは報告書の中で「太平洋クロマグロやメバチマグロ、キハダマグロなどは、他の魚に比べ、今後深刻化する酸素量減少の影響を特に大きく受けることになるだろう」と警告した。既にクロマグロをはじめとする多くのマグロやサメの仲間は乱獲によって数が急速に減り、中には絶滅危惧種とされているものも少なくない。地球温暖化や海洋酸性化、海洋汚染に加え、海の酸素量の減少が、これらの生物の絶滅への歩みを加速させることになる。そして、当然ながら酸素量の減少は、漁業に依存する人々、特に本章の冒頭で紹介したパラワン島のような沿岸漁業に生活の糧や食料を依存する発展途上国の人々の暮らしにも大きな悪影響を与えることになる。

対策の時

二〇一八年の「サイエンス」誌の論文の執筆者の一人、スミソニアン環境研究センターのデニース・ブライトバーグ博士は「海の生物多様性や生態系を守り、地域の人々の貧困が深刻化するのを防ぐために酸素量の減少問題に真剣に取り組む必要がある」と強調する。そのためには、農業活動などから海に流れ込む窒素やリンの量を減らすこと、地球温暖化を招く温室効果ガスの排出量を減らすことが急務だ。残された酸素が豊かな海域に海洋保護区や禁漁区を設定して、漁業資源や海の生物多様性を守ることも重要だ。これらの保護区は、酸素が少なくなった海域から逃げ出してきた魚などの生物の「避難所」として機能する。博士らは、マグロやサメなど人類にとって重要な漁業資源については、乱獲を防止し、適切な資源管理を行うことも必要になると指摘している。

すべての人が行動を・COP25(マドリード)

COP25が開かれていたマドリードの会議場内のペルーパビリオン。温暖化や海洋酸性化、酸素量の減少など海が抱える危機とその対策に関するイベントの発言者の中に、スウェーデンの副首相兼環境相のイサベラ・ロヴィーンさんの姿があった(写真21)。彼女は漁業資源保護問題などに詳しいジャーナリスト出身で、その著書『沈黙の海』は邦訳も出版されている。

「われわれは海のデッドゾーンの問題を何年も前から知っていたが、今、地球温暖化による海水温度の上昇がさらに広い範囲の海でこれを悪化させていることを知った。このような報告書は、海の健康を回復するための最重要課題として酸素濃度の減少問題を位置づけ、海の酸素収支のバランスを回復するためにすべての人が手を携えて行動する時だと教えてくれる」――。IUCNの酸素濃度減少に関する報告書について触れ、ロヴィーンさんはこう指摘した。

写真21　マドリードでのCOP25の会場で，酸素の減少など海に迫る危機的な状況を訴えるIPCC第2作業部会の共同議長を務めるスウェーデンのイサベラ・ロヴィーン環境相．2019年12月，筆者撮影．

◆コラム　窒素利用、見直し急務

鉄などを利用した触媒を使って大気中の窒素を基にアンモニアを合成する。この手法を一九〇六年に開発したのは、ドイツのフリッツ・ハーバーとカール・ボッシュという二人の科学者で、この手法は「ハーバー＝ボッシュ法」と呼ばれている。この手法の開発によって、人類は、農業生産の拡大に不可欠な窒素肥料を安価で手に入れることができるようになり、農産物の収量は飛躍的に増大した。「空気からパンをつくる」技術ともいわれるゆえんだ。だが、窒素肥料の使用増大は大気中から大量の窒素を地球の生態系の中に取り込む結果となり、地球上の窒素のサイクルは人間活動によって大きく変化した。

過剰な窒素は海に流れ込めば富栄養化やデッドゾーン形成の一因となるし、硝酸の形で地下水に入れば、水質汚染や健康被害の原因にもなる。

環境問題を考えるうえで、近年注目されている概念に「プラネタリー・バウンダリー（地球の限界）」というものがある（図15）。スウェーデンの環境研究者、ヨハン・ロックストローム博士らが二〇〇九年に科学誌「ネイチャー」に発表した論文で提唱した。この論文は、気候変動、生物多様性の減少、海洋酸性化、化学物質の使用など九つの分野について、人間活動の規模が、地球の持つ許容力の範囲内に収まっているかどうかをさまざまなデータから評価したものだ。この中で、生物種の減少と並んで、地球の限界を超えた幅が一番

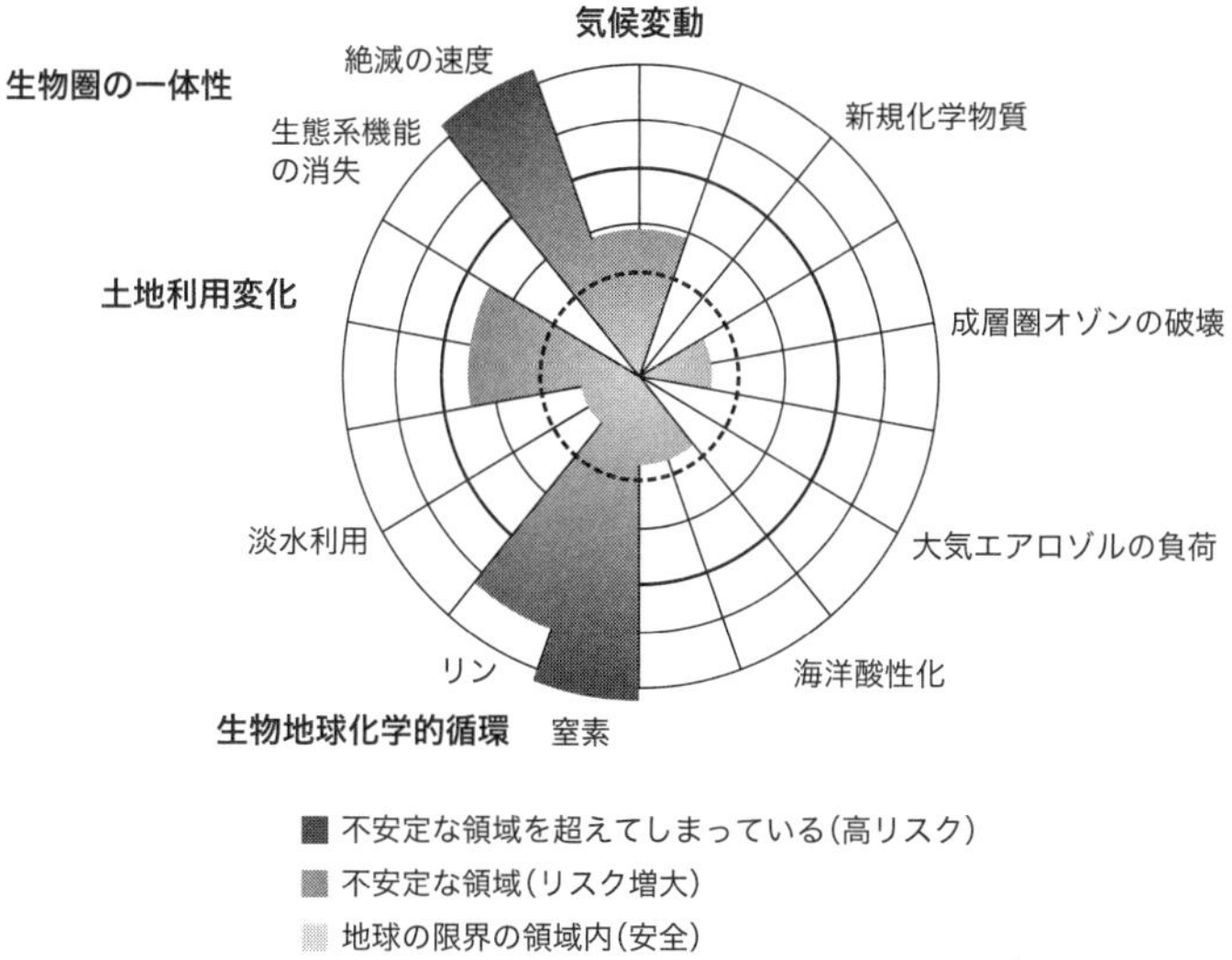

図 15　地球の限界(プラネタリー・バウンダリー).「気候変動」「生物圏の一体性」「土地利用変化」「生物地球化学的循環」については,人間が安全に活動できる境界を越えるレベルに達していると指摘. 環境省による.

大きく、それがもたらすリスクが危険領域に達していると評価されたのが、人間が大気中から大量に取り込んでいる窒素の負荷だった。深刻度は気候変動や海洋酸性化よりもはるかに大きいとされている。人類は地球の限界の中でしか暮らしてゆくことはできない。われわれが、一〇〇年以上にわたって続けてきた窒素の大量使用を見直すべき時にきているのだ。

5 細りゆく海の恵み――漁業資源の減少深刻

不安な漁民の未来・マダガスカル

粗末なつくりの小さな土産物店や雑貨店が並ぶ小道を抜けた先、ヤシの木が生い茂る向こうに、美しい砂浜が広がり、ボールを蹴ったり、犬を追いかけたりする子供たちの歓声が聞こえてくる。

砂浜には漁師の小さな家が並んで建ち、カラフルに彩られた手彫りの丸木舟が並んでいた。太陽は既に傾き始め、夕日に水面がキラキラと輝いていた。きらめくインド洋の水面を滑るように、丸木舟の漁船が次々と引き揚げてくる。

二〇〇八年九月、筆者はアフリカ大陸の東に浮かぶ島国、マダガスカルの西岸にあるモロンダバ近郊の小さな漁村にいた。電気がほとんど来ていないこの村では、半日がかりの漁がようやく終わろうとしていた。突然、子供たちが大きな声を上げて海に向かって走り出す。砂浜に戻ってきた舟の一つには、長さ二メートルほどの巨大なカジキマグロが乗

写真22　久しぶりに捕れた大きなカジキマグロを運ぶマダガスカルの貧しい漁村の子供たち．2008年9月，筆者撮影．

写真23　マダガスカルの貧しい漁村，モロンダバでわずかに捕れた魚を仕分けする住民．2008年9月，筆者撮影．

っていた。子供たちがカジキの前と後ろに立ち、頭の上に乗せて小さな小屋に向けて走っていく（**写真22**）。

「昔はあんな魚が小さく見えるくらいの魚がたくさん捕れた」と村の老人が言う。だが、最近ではこんな大きな魚が捕れることは滅多にない。

次々と帰ってくる小さな漁船。その中の夫や父、兄の姿を見つけ、浜辺の粗末な家から家族が迎えに駆けだしてくる。だが、多くの漁師の顔はさえない。収穫は少なく、中には一匹の漁獲もない人もいる。

「捕れる魚はどんどん減っている。ずっと沖まで行かねばならなくなって、漁に出ている時間は増えたのに」と、ここで一五年間、漁をしているエミールさんがこぼす。

マダガスカル周辺の海は豊かな漁場として知られ、エビは日本にも大量に輸出されている。だが近年、漁獲量の減少が顕著だ。

環境保護団体、野生生物保護協会(本部・米国)のヘリララ・ランドリアマハッヅ博士は「欧州や日本などの巨大な漁船、マダガスカルや周辺国のエビ底引き網漁船が、魚を奪い合っている」と言う。「エビの漁獲量も減り、小さなエビまで捕るようになってきた」と危機感を募らせる。沖合には欧州からの大きな漁船の船団が姿を見せることも少なくないという。最も大きな影響を受けるのが、エミールさんら零細な漁民だ。

「われわれは貧しくなる一方だ。昔に比べてサイクロンは激しくなり、海が荒れる日も増えた。昔は月に二八日は海に出られたが、今では一二日がいいところなんだ」と、漁民団体の会長のニコラス・バレリーさんが言う。

時の流れの中で姿を変えつつある海。進む乱獲。その中でも彼ら零細な漁師は、昔ながらの舟と漁具を使って、少なくなった魚を追い続けるしか、日々の糧を得る道を知らない。

「漁師たちの将来はどうなるのでしょうか?」 腕を組んでうつむいたバレリーさんは、筆者の問いに何も言わずに首をただ横に振るだけだった。

進む乱獲

世界各地の海で今、魚の乱獲が深刻化し、漁業の対象となった魚が絶滅危惧種とされるまでになっている。国連食糧農業機関(FAO)などによると、世界中で漁業や関連産業で生計を立てている人の数は約八億人に上る。水産物は人間のタンパク源の二〇%近くを占めるとされ、魚を主要な食事としている人の数は約三〇億人、世界人口の約四〇%に達するという。海洋汚染や開発、地球温暖化による生息地破壊に乱獲が加わって、漁業資源が急激に減っているという問題は、海とその生態系が直面する大きな危機の一つだ。魚離れが指摘されるとは言え、まだまだ世界有数の水産物消費国である日本人にとっても、捨てておけない問題である。

世界の水産物の生産量は、長きにわたって増加し、一九六〇年には三〇〇〇万トンだったものが、二〇一六年には二億トンを超えるまでになった。この間に世界人口が約三〇億人から七五億人に増えたことが大きな理由だが、一九六〇年代には年間約九キロだった一人当たりの水産物の消費量も二〇一二年には同一九キロを超え、この間にほぼ二倍になっている。特にアジアの新興国での増加が著しく、この傾向が今後も続くことは確実だ。

海の生態系が人間にもたらしてくれる自然の恵み「生態系サービス」は非常に大きく、しかも本来、とても効率的だった。自然の中で、資源が増えた分だけを利用していれば、その資源を持続的に利用することができる。元本に手を付けずに、利子だけで生活しているようなものだ。

銀行預金の金利は一定だが、漁業資源の増え方、つまり資源の利子は一律ではない。親魚が極端に少なくなってしまったら、資源はなかなか増えないし、逆に個体数が極端に多くなっても、餌やスペースなどの環境の容量が限られることになるので、資源の増え方は少なくなる。とすると資源の増殖率、つまり利子が一番多くなるレベルに全体の魚の量が保たれるように漁獲をすることが最も効率的だということになる。これは「最大持続的漁獲量（MSY）」と呼ばれる。資源が自然変動で突然、減少することなどに対する「保険」も考えて、MSYより少し低めの漁獲量を設定することが、最近の漁業資源管理の中では多くなっているのだが、これはなかなか難しい。自分が自省して魚を残しても、隣の漁師がそれを捕ってしまったら意味がない、それなら自分が捕った方がいい、と多くの漁師は考えるだろう。だれでもが漁業に参入できる状況では、多くの漁業者が自分の漁獲を最大にしようと努力することによって、資源は枯渇の危機に瀕する。米国の生態学者、ギャレット・ハーディンが指摘した「コモンズ（共有地）の悲劇」が起こることによって、多くの漁業資源の乱獲が進み、一部は枯渇状態といわれるまでになってしまっている。

図16は、世界の主要漁業資源について「枯渇または乱獲状態にある資源」「これ以上漁獲量を増やせないレベルにまで漁獲されている資源」「まだ漁獲量を増やす余地がある資源」

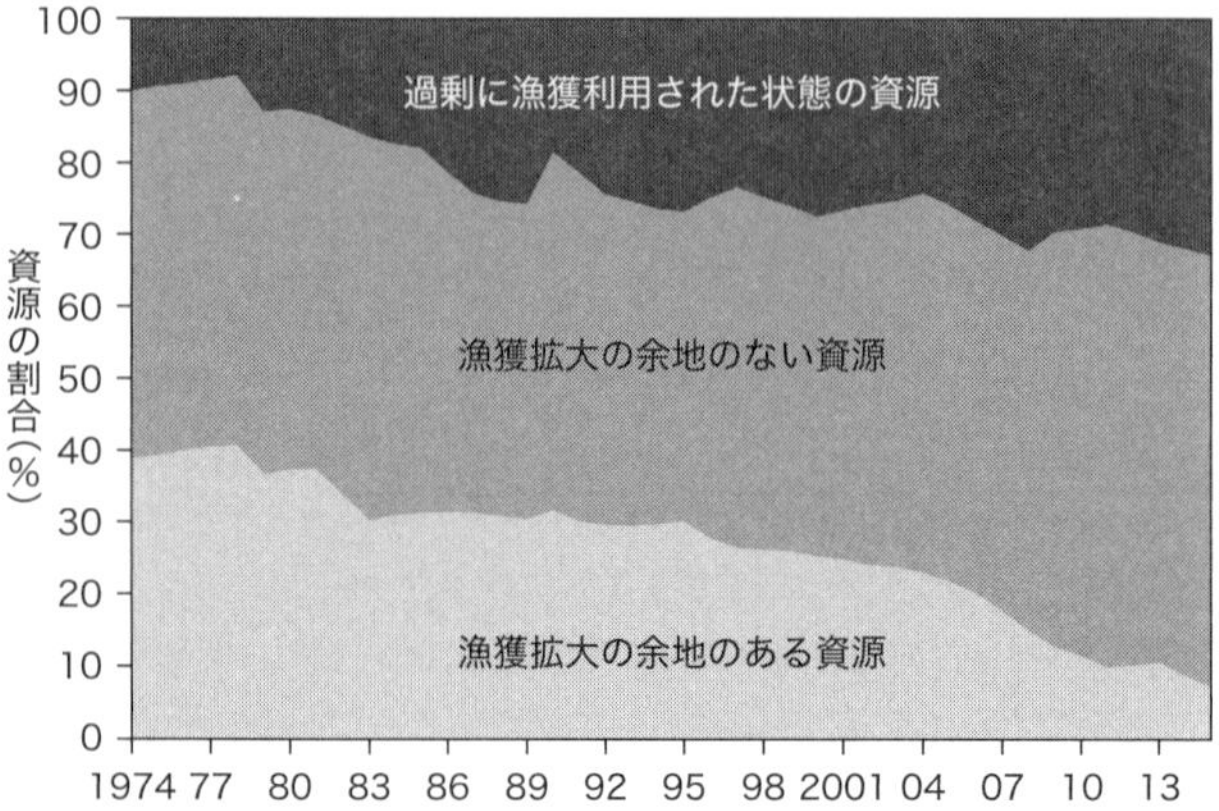

図 16　1974〜2015 年における世界の海洋水産資源の漁獲利用状態別割合の推移．漁獲拡大の余地のない・ある資源は，生物学的に持続可能な漁獲状態にある．FAO・水産庁による．

の三つに分類して、その推移をみたものだ。過剰に漁獲された資源の比率は一九七四年には一〇%程度だったが、年を追うごとに増加し、二〇〇八年には三〇%を突破、二〇一五年には三三%までに増えた。逆に漁獲を増やす余地がある資源の比率はどんどん小さくなっている。

満限まで利用されている資源の中でも、タイセイヨウダラやカラフトシシャモなどは、過剰漁獲状態にある地域の群れ（系群）の割合が高いとされているし、ビンナガ、メバチ、大西洋クロマグロ、ミナミマグロ、太平洋クロマグロ、カツオやキハダといったマグロ類でも四三%の資源が生物学的に持続可能でないレベルまで過剰に漁獲されている状態にあるとされている。

図17からは、世界の水産物の生産量は年々

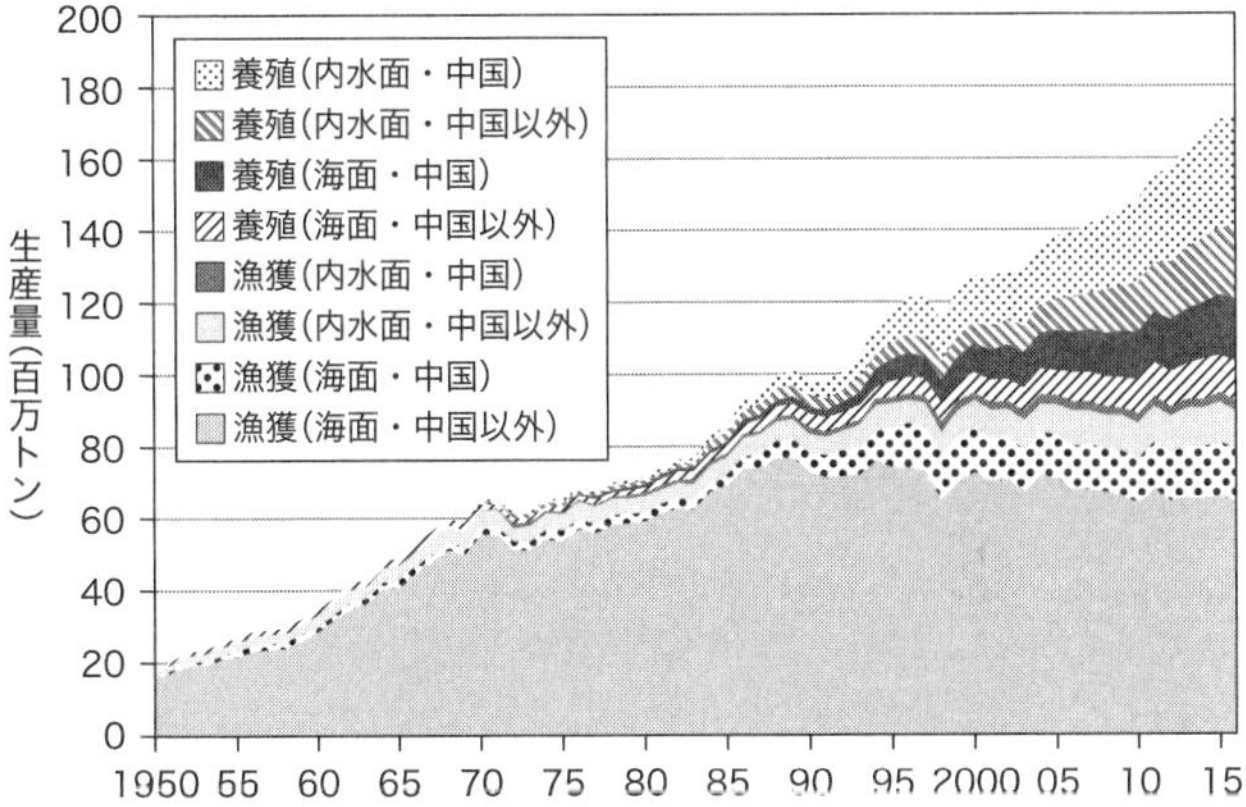

図17　世界の漁業生産量の推移(海藻類，哺乳類を除く，1950〜2016年)．FAO・水産庁による．

増えているが、それを支えているものの多くは養殖によるもので、天然の魚介類の漁獲量は一九九〇年代半ばに頭打ちとなり、近年は減少傾向にあることが分かる。

日本の沿岸は壊滅的

日本の沿岸には寒流と暖流がぶつかる好漁場が形成される。南北に長い列島周辺の海の生物多様性は非常に豊かであることが知られている。

それを科学的に評価したものとして、海洋研究開発機構と東京大学などのグループが二〇一〇年に発表した、日本の排他的経済水域(ＥＥＺ)内での生物種の多様性についての包括的な解析結果がある。国際的な海の生物の調査「海洋生物センサス(ＣｏＭＬ)」の一環として行った解析結果によると、日本近海で確認された生物数は、バクテリアからジュゴン、クジラなど

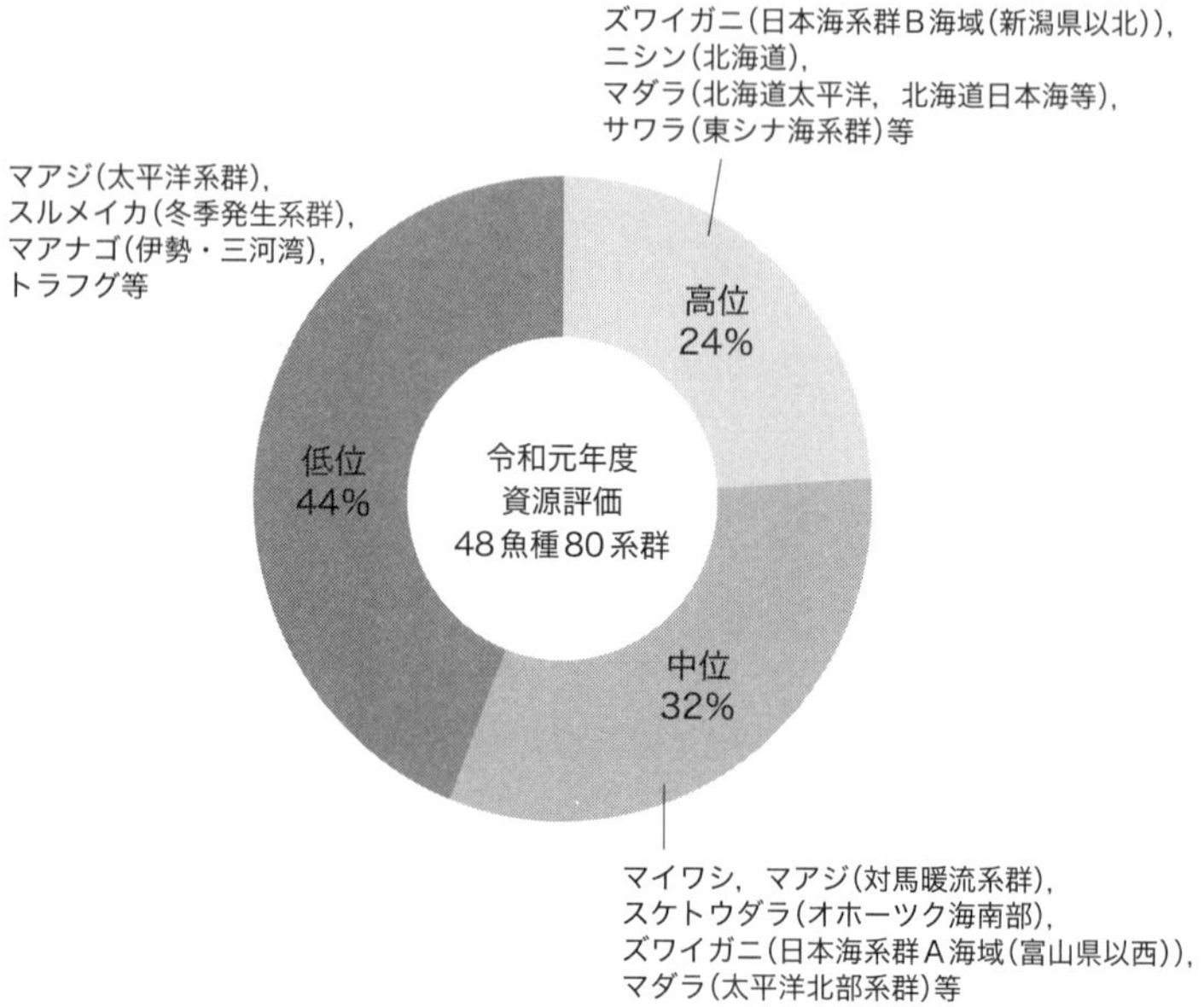

図18　日本沿岸の主要漁業資源評価での資源レベルの分布．水産庁による．

の哺乳類まであわせると三万三六二九種で、未確認だが出現すると予測される種数まで含めた推定種数は一五万五五四二種に上った。軟体動物が最も多い約八六〇〇種で、節足動物の約六四〇〇〇種がこれに次いだ。日本近海にしかいない「固有種」の数も少なくとも一八七二種に達した。「日本近海は全海洋生物種数の約一四％が分布する、極めて種の多様性が高い「生物多様性のホットスポット」であることが分かった」というのが研究グループの結論だ。

これらの豊かな生物多様性が、古くから日本人の食卓を支えてきた。

だが、今や日本の沿岸の漁業資源の状況は極めて深刻だ。水産庁はサバやアジ、スケトウダラ、イワシなど重要な漁業資源五〇魚種八七の系群について、資源状況を、高位、中位、低位の三ランクに分類、資源の動向を増加、横ばい、減少の三分類に分けて行った評価結果を毎年公表している。二〇一九年度の結果は、図18にあるように、評価が終わった八〇系群のうち半分に迫る三五系群が「低位」で、「高位」のものは一九系群しかない。低位の中にはマサバやスケトウダラ、ホッケ、トラフグ、イカナゴなど日本人が長い間利用してきた身近な魚が多い。さらに、ホッケやスケトウダラ、キンメダイ、トラフグなどは低位なうえに減少傾向にあり、資源状況は極めて深刻だ。これらについては漁獲量の削減が急務で、中には禁漁が必要なレベルに達しているものまである。しかも、この評価は過去一〇～二〇年ほどの資源の動向に基づくものなので、それ以前に大幅に減った資源でも「中位」「増加傾向」とされることがある。実際の状況はこのグラフが示す以上に深刻なのだ。

環境省が、日本周辺の絶滅危惧種をまとめたリスト「レッドリスト」では、沖縄のジュゴンが「ごく近い将来の絶滅の危険性が極めて高いもの」とされているし、汽水域にすむアリアケヒメシラウオ、アオギスなども絶滅危惧種だ。完全に海の魚ではないが、ニホンウナギが絶滅危惧種とされたことも大きな話題になった。日本周辺の海の豊かな生物多様性は今、極めて危機的な状況にある。

公海でも深刻

「コモンズの悲劇」が顕在化するのは、各国政府の規制の手が及ばず、だれでもが参入できる公海の漁業資源に多い。どこの領海でもない公海では、原則として各国が自由に資源の採取や航行ができる「公海自由の原則」があるためだ。特にマグロ類や、ひれがフカヒレの材料として高値で取引されるサメ類の減少が深刻だ。

国際自然保護連合(IUCN)がまとめている世界のレッドリストでは太平洋と大西洋のクロマグロ、南半球のミナミマグロ、日本でも大量に消費されているやや小型のメバチマグロが絶滅危惧種とされている。中でもミナミマグロは三ランクある絶滅危惧のランクの中で最も絶滅危険度が高い種とされている。いずれもこの三〇年間ほどの間に、個体数が急激に減っていることが理由だ。キハダマグロとビンチョウマグロも、絶滅危惧ではないものの数が減る傾向にあり、このままでは絶滅危惧種となりかねない「準絶滅危惧種」にリストされている。

ジンベエザメやウバザメ、ホオジロザメ、アオザメなどサメの仲間も多くが減少していて、絶滅危惧種とされているサメ類は淡水、海水を含めて二〇〇種を超える。漁業での混獲やひれ目当ての乱獲が大きな理由だ。ほかにも、タツノオトシゴ、マンボウ、ハタの仲間など絶滅危惧種とされる漁業対象種は増える一方で、中にはワシントン条約の規制対象種とされるものも少なくない。

ワシントン条約の締約国会議では、過去一五年ほど、毎回、サメなどの漁業対象種を取引規制の対象とするべきだとの提案がなされ、これに反対する日本などの漁業国との間で激しい議論が交わされるようになっている。結果的には反対多数で否決されたが、二〇一〇年、ドーハでのワシントン条約の締約国会議で、大西洋クロマグロの国際取引を禁止すべきだとの提案がなされメディアの大きな注目を浴びたことは記憶に新しい。

海賊漁業

「世界中の漁業資源と食料安全保障に悪影響を与えるIUU漁業は健全で持続可能な海への大きな脅威だ」。二〇一八年の六月五日に、カナダのドミニク・ルブラン漁業海洋相はこのような声明を発表した。この日は、国連が制定した初の「IUUと戦うための国際デー」だった。

公海を中心に、乱獲を招き、海の生物多様性に大きな悪影響を与えているとして、国際的に関心が高まっているものがIUU漁業である。IUUとは「違法・無報告・無規制」の英語の頭文字をつなげたものだ。国際的な資源管理機関が定めた規制を無視したり、漁獲量をごまかして漁獲枠を守らなかったりという形で不当な利益を得る漁業のことを指す。

各国の主権が及ばない公海で多いが、国の領海やEEZの中でも起こっている。高値で取引されるマグロ類やひれ目当てのサメなどが主なターゲットだ。

ＦＡＯによると、ＩＵＵ漁業の水揚げは最大で年間二六〇〇万トン、その価値は二三〇億ドルにも上る。ＦＡＯは「ＩＵＵは減少が著しい世界の漁業資源の状況をさらに悪化させるだけでなく、規制を守って操業している漁業者の収入を奪う結果にもなっている」と指摘する。船の名前を消したり、別の船の名前を記したりするほか、操業場所を報告する監視装置のスイッチを切る、資源管理機関に加盟していない国に船籍だけを移すなど、手口はさまざまだ。

多くの水産物を輸入し、消費している日本もＩＵＵ漁業と決して無縁ではない。カナダ・ブリティッシュコロンビア大学などの研究チームは二〇一七年、「日本が二〇一五年に輸入した主要な天然水産物のうち、ＩＵＵ漁業からの製品が全体の三割程度にもなる」とする推計を国際雑誌に発表している。研究チームは、日本が水産物を多く輸入する中国、台湾、米国、ロシアなど九カ国・地域の貿易データを分析。業者や税関職員にも聞き取りし、メバチマグロやウナギ、サケ、イカなど二七品目で違法な水産物の量を推定した。その結果、これらの国・地域から二〇一五年に日本が輸入した四九万五七九二トンのうち、一二万一五三八～一八万四七七四トン（二五～三七％）が違法や無報告の漁獲と判明した。比率では中国のウナギが最大で輸入量の七五％、一万三六〇三トンに達したと推計され最も高かった。量が最も多かったのは中国からのイカとコウイカで、計二万六九五〇～四万二三五〇トン。これに米国のスケトウダラ、台湾のメバチマグロ、中国のウナギ、ロシアのサケが続いた。日本人もかなりの量のIUUシーフードを食べていることになる。

IUU漁業対策を進めるうえで重要な国際的な取り決めが、二〇〇九年に採択された「違法漁業防止寄港国措置協定」だ。IUU水産物が輸入されるのを防ぐため、怪しい船の入港拒否権や臨検を行う権利を、漁船が寄港する国に認めるなどの内容で、二〇一六年に発効した。現在、日本を含む五四の国と欧州連合(EU)が加盟している。国際デーの六月五日は、この協定が発効した日だ。協定の批准に向け、EUは、水産物の輸入業者に漁獲場所や方法などを記した漁獲証明の提出を義務づけるなどの規制を導入。IUUに関与しているとみられる国には警告の「イエローカード」を発行、改善がみられなければ「レッドカード」を出して輸入を禁じるという制度も始めた。米国も、クロマグロやサメ、カニなどを対象に漁獲証明の提出を義務づける「水産物輸入監視制度」を導入するなど、各国で対策が進んでいる。

これに対して日本は協定を批准したものの強制力のあるIUU対策は未整備だ。国内でも密漁や無報告漁業が横行する一方、罰則が軽いことなども指摘されるなど対策の遅れが目立つ。先のブリティッシュコロンビア大学の研究チームも日本の取り組みの遅れを指摘し「対策を強化しないと、欧米に輸出できない違法な水産物が今後、さらに日本に入ってくる」と警告している。

海上保安庁が二〇一九年に摘発した海上犯罪七五八七件のうち、漁業関係法令の違反は二四〇四件。悪質な組織的密漁もあり、ナマコやアワビ、サケなど漁獲量が減って価格が高騰している水産物が狙われることが多い。

減少が著しいニホンウナギの養殖用の稚魚、「シラスウナギ」の密漁も深刻で、中央大学の海部健三准教授らの研究チームは、毎年、日本の養殖池に入れられるシラスウナギのうち約七〇%が、国内の無報告漁業や海外の密輸品などによるものだと指摘している。宮城県のあるマグロ漁業者は「マグロでは漁獲が一キロでも報告量より多ければ、厳しい罰則が科される。他の魚種でも、IUUをなくすために厳格なルールをつくることが重要だ」と指摘。対策強化を求める声は漁業者の中にも強い。

終わらぬクジラの危機・夏のダボス会議(中国)

「ほとんどの大型クジラは捕鯨によって絶滅の直前にまで数が減った。回復しつつあるものもあるが、まだ、そのペースが遅い種もある。繁殖率が低いためだろう。今は捕鯨で殺されるクジラの数は減ったが、その何倍ものクジラが船との衝突や漁網への混獲で死んでいる。生息環境は悪化し、餌は減る一方、海中の騒音にも悩まされている」――。ダボス会議を主催する世界経済フォーラム(WEF)が毎年、中国で夏に開催する会合(夏のダボス)で、米スミソニアン国立自然史博物館のニック・ペンソン博士は二〇一九年、多くの聴衆を前に、現存する最大の動物シロナガスクジラの画像などを見せながら、クジラが置かれた状況を、こう解説した。

ペンソン博士は「クジラは海の生態系の中で重要な位置を占めているし、ホエールウオッチング産業などによって地域の持続可能な経済にも貢献している」と指摘。「ホッキョククジラは二〇〇年生きることもある。今、二〇〇歳のホッキョククジラは、社会の産業化や数多くの戦争の時代を生き、それらに伴う海洋汚染にも遭遇してきた。今、生まれたホッキョククジラが今後、二〇〇年間、どのような海の環境に生きるか。それは私たちにかかっている」と海の環境を守ることの重要性を訴えた。

生態系の危機

多くのクジラを絶滅の危機に追い込んだ商業捕鯨は、人間が海の生態系や生物多様性に大きな影響を与えた典型的な例だ。ペンソン博士が指摘するように、大規模な捕鯨が中止されて以降、個体数は一部で増加傾向にあるものの、シロナガスクジラやナガスクジラ、イワシクジラなどの絶滅の危機は依然として続いている。北大西洋のセミクジラのように依然として個体数の減少傾向が続いている種もある。

捕鯨の対象種ではないが、現地の言葉で「バキータ」と呼ばれるコガシラネズミイルカは、最新の評価では成獣の数が二〇頭以下に減り、まさに絶滅寸前だ。漁網に絡まって窒息死することが最大の脅威だとされている。

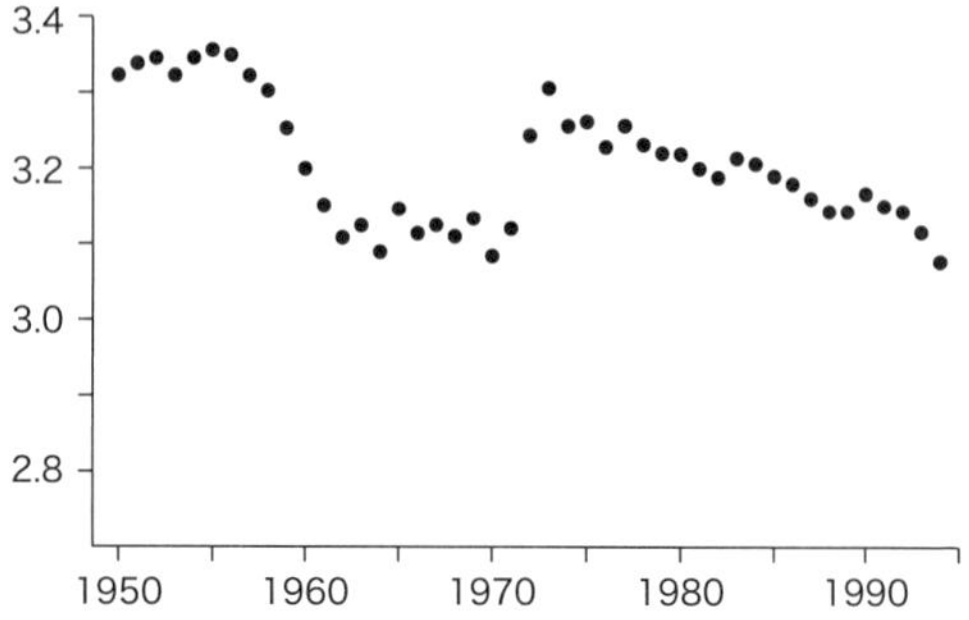

図19　海の魚の栄養段階指数の減少．ブリティッシュコロンビア大学のダニエル・ポーリー博士らによる．

先に指摘したマグロやサメなどの大型魚を中心とした漁業対象種の乱獲も、海の生態系や生物多様性に悪影響を与えるまでになっている。

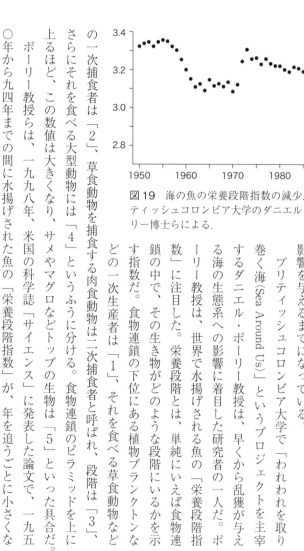

ブリティッシュコロンビア大学で「われわれを取り巻く海(Sea Around Us)」というプロジェクトを主宰するダニエル・ポーリー教授は、早くから乱獲が与える海の生態系への影響に着目した研究者の一人だ。ポーリー教授は、世界で水揚げされる魚の「栄養段階指数」に注目した。栄養段階とは、単純にいえば食物連鎖の中で、その生き物がどのような段階にいるかを示す指数だ。食物連鎖の下位にある植物プランクトンなどの一次生産者は「1」、それを食べる草食動物などの一次捕食者は「2」、草食動物を捕食する肉食動物は二次捕食者と呼ばれ、段階は「3」、さらにそれを食べる大型動物には「4」というふうに分ける。食物連鎖のピラミッドを上に上るほど、この数値は大きくなり、サメやマグロなどトップの生物は「5」といった具合だ。

ポーリー教授らは、一九九八年、米国の科学誌「サイエンス」に発表した論文で、一九五〇年から九四年までの間に水揚げされた魚の「栄養段階指数」が、年を追うごとに小さくなる傾向にあることが分かった、と指摘した。この傾向は近代的な漁業活動が盛んな北半球で特に大きかった(図19)。

研究結果はマグロやサメなど、食物連鎖のトップにいる魚が乱獲によって減ったために、漁獲対象がそれより小さい中型の魚にシフト、それが減ってくればプランクトンを主に食べるような食物連鎖の下位にある小型の魚へ、と乱獲によって世界の漁業の姿が大きく変わってきたことを示している。大きな魚を取り過ぎて減ったので、次は中くらいの大きさの魚、さらにそれもいなくなればさらに小型の魚へ、と乱獲の連鎖が続いているというわけだ。ポーリー教授はこれを「食物網における漁獲対象の低次化(Fishing down marine food webs)」と名付け、現在の漁業は持続可能なものではなく、海の生態系に大きな悪影響を与えている、と指摘した(図20)。

図20　海の大きな魚がいなくなり，徐々に生態系がやせ細っていくことを示す模式図．ブリティッシュコロンビア大学のダニエル・ポーリー博士らによる．

ポーリー教授は冗談半分に「そのうち人間が食べられるシーフードはクラゲくらいになってしまう」と話していたのだが、マグロ、サケやホッケ、サンマからイカナゴ、サクラエビなど多くの水産種の不漁のニュースが日常的に伝えられるのを見ているとあながち、これも冗談ではないような気がしてくる。

ポーリー教授ら、「われわれを取り巻く海」の研究チームは最近、漁獲される魚のサイズや一定の漁獲努力をしたときにどれくらいの魚が捕れるか、といった限られたデータでも漁業資源の変化や現状の漁獲レベルが持続可能かどうかを判断できる手法を開発し、「これまでデータが少なく評価ができなかった資源の状態を調べたところ、多くの魚種で過剰漁獲の状態にあることが分かった」とする論文を専門誌に発表し、「漁業資源の管理をさらに厳格なものにする必要がある」と提言している。

温暖化が追い打ち

海の生物多様性の研究は、陸上に比べて調査が極めて遅れているが、乱獲や生息地の破壊、場所によっては外来種の侵入という陸上の生物多様性を脅かすものと同じ原因で消失が進んでいることは多くのデータが示している。これに近年、顕在化している地球温暖化の影響がさらに追い打ちをかけることになる、という点でも、海も陸上も共通している。

人間によって海が暖められることの懸念材料は、海の熱波の頻発だけではない。研究者が注目するのは第４章で紹介した「海洋の成層化」という現象の影響だ。そこでも述べたが「成層化」とは、海の表層と二〇〇メートルより深い中層の海との間に密度の差が生まれ、両者が混ざりにくくなる現象だ。成層化が進むと、表面近くでは酸素の消費が進む一方、浅い部分の水と中層の冷たい水に含まれ、プランクトンの成育にとって重要な栄養分の交換が進まなくなるという事態をもたらす。

海の表面には、陸地と違って木が生えていないので、海面で光のエネルギーを使い、二酸化炭素から光合成によって有機物と酸素をつくり出すのは大量の植物プランクトンだ。プランクトンがつくり出す有機物が、海の生態系や食物連鎖の出発点になるといっていい。出発点、という意味からこれを「一次生産」とか「基礎生産」と呼ぶ。地球上に多くの生物が暮らせるようになったきっかけをつくったのも、海の表面で光合成をして酸素をつくり出す光合成細菌だったと考えられており、海の微生物の一次生産は、地球全体の生態系や食物連鎖にとって非常に重要だ。

光合成に関連するクロロフィル（葉緑素）の量が多いか少ないかによって、世界の海の一次生産がどこで多いかを人工衛星の観測などによって知ることができる。一次生産はインド洋の西部、アフリカ大陸や北米、南米大陸の西部で多く、日本海や日本の三陸沖などでも活発だ。一次生産が活発な場所にはそれを餌にする動物も多いので、これらの場所には魚も多く、漁業にとっても非常に重要な海域だということになる。

日本光合成学会によると、海洋の一次生産は植物プランクトン群集が大部分を担っており、外洋域では極めて微小なプランクトンの寄与が大きい。海の一次生産は四〇～六〇ペタグラム（一ペタグラムは一〇〇〇兆グラム）とされ、陸上を含めた地球上の全一次生産の約半分を占めるという。二酸化炭素を吸収し、固定する森林など陸上の植物の重要性はよく知られているが、海の植物プランクトンも、地球上の二酸化炭素の固定や循環の中で、陸上の植物などとほぼ同じくらいの重要性を持っているということになる。

プランクトンによる一次生産でつくられた有機物は、それを食べる動物プランクトンからその上位の生物や魚、さらにはそれらを食物とする人間にとってまで、なくてはならないものであることは理解に難くない。しかもこれは海の炭素の循環にとっても非常に重要な役割を持っている。動物プランクトンなどに食べられなかった有機物の一部は海の深い部分に沈み、一〇〇〇年以上の長い時間、海の中にとどまって循環するからだ。海の植物プランクトンが減って、二酸化炭素を有機物の形で固定する力が弱まれば、大気中の二酸化炭素の濃度は高くなるとされる。

海の砂漠に

先に紹介したように、成層化が進んで、表層の水と中層の水が混ざりにくくなると、表層では微生物の働きで有機物の分解が進んで酸素が少なくなる一方、中層から表層に供給されていたプランクトンにとって重要な栄養塩の供給量が減るため、植物プランクトンの量が減る。結果的にもたらされるのが、海の表層での一次生産の減少だ。

今世紀の初めごろから、人工衛星を使った観測で世界の海の一次生産量が減ってきているのではないかとの研究成果が示されるようになった。

米航空宇宙局(NASA)と米海洋大気局(NOAA)の研究グループが、人工衛星の観測データを基に、世界の海の一次生産が、一九八〇年代の初めから今世紀初めまでに六・三%減っているとの分析結果を発表したのは二〇〇三年のことだった。一二の海域のうち、減少が最も激しかったのは南太平洋で一四%のマイナス、次に減少が大きかったのは南極海のマイナス一〇・四%だった。一方で、実際の海での観測では逆に生産量が増えていることが示されたこともあって、一次生産の変化は、研究者の間で、大きな議論になっていた。

海の一次生産は、光、温度、プランクトンの消長に関わる鉄分の量、海流、風など多くの条件に左右されるため、自然の変動や地域差も大きいので、地球温暖化の影響を見極めることは難しい。低緯度域の海では、中層からの栄養分の供給が減るために一次生産は減るが、高緯度域では気温が上がると、一年の中でプランクトンが発生しやすい条件が生まれる時期が早くなり、プランクトンの活動期間も長くなるため一次生産が増えるという現象が指摘されている。コンピューターモデルによるシミュレーションでも、多くのモデルが一次生産の低下を予測する一方で、温暖化が進むと一次生産が増える、との結果をはじき出したものもあって、研究は一筋縄ではいかなかった。

だが、最近になって、地球温暖化の影響とみられる海水温度の上昇に伴って地球上の生態系や食物連鎖にとって重要な海の一次生産が減っている、との研究報告が多くみられるようになってきた。

インド洋西部の熱帯域は、一次生産が活発な海域の一つで、世界の漁業にとっても非常に重要な場所だ。特にマグロ漁が盛んで、世界のマグロ漁の中心地の一つになっている。日本にもここから大量のメバチマグロなどが運ばれてくる。マグロのように生態系のトップに位置する魚が大量に分布していることが、この海域の一次生産の大きさの証しでもある。だが、この海域は地球温暖化による海水温度の上昇が、世界の海の中でも特に激しいことも分かっている。

二〇一六年、インドや米メリーランド大学などの研究グループは、海の一次生産の量を示す夏場のクロロフィル量や海水表面の温度などに関する人工衛星のデータなどを解析した結果、一九五〇年から二〇〇六年までの間、インド洋西部の一次生産量が二〇％も減少していると報告した。同じ期間に、海水温度も著しく上昇しており、温度上昇が激しい海域ほど、一次生産の低下が激しく、温度上昇が小さい場所では、一次生産はわずかに増えていた。

研究グループは「六〇年足らずの間に一次生産がこれだけ減っているのは極めて深刻だ」と指摘。「この海域では、今後も海水温度が上昇すると予測されており、このままでは豊かな海が、生き物がいない砂漠のような海になってしまう」と強い表現で警告した。

気候変動に関する政府間パネル（ＩＰＣＣ）の「変化する気候下での海洋・雪氷圏に関する

特別報告書（SROCC）」によると、高緯度地域では、温暖化による表面温度の上昇に伴う氷河などの融解によって大量の淡水が流れ込んで表面の海水と中層の水との密度の差が大きくなることも加わって水の混合が進まなくなっている。IPCCは「一九七〇年代以降、一〇〇メートルより浅い部分の成層化が進んでいることはほぼ確実だ」としたうえで、成層化が進み、中層からの栄養物質の供給が減ることで、二〇八一〜二一〇〇年までに熱帯域の海の一次生産は最大で一六%も減る可能性があり、これに依存する動物のバイオマスも減少することが予想されると警告している。

変わる魚の分布

サワラ（鰆）はサバの仲間の大型魚で、日本人には古くから親しまれてきた魚の一種だ。魚へんに「春」と書くのは、産卵のために春先に瀬戸内海に入ってきて漁獲量が増えるためらしい。暖かい海を好む魚で、日本沿岸の漁獲は西日本が中心、主要な漁場は東シナ海だった。ただ、この海域では乱獲によって漁獲量が大きく減り、わずかな間にピーク時の一九八五年の一%程度までになってしまった。同時に、瀬戸内海などでの漁獲量も急減した。ところがこのサワラが最近、日本海や太平洋岸のかなり北の方、岩手県や青森県でも漁獲されるようになった。過去にはほとんどなかった京都府の日本海側でも漁獲量が増え、全国最大の漁獲量を誇るまでになった。今では日本のサワラの多くが、以前では考えられなかった「日本海産」だ。資源変動の理由は明確にされていないが、近年の温暖化による海水温度の上昇がサワラの分布域が北上した原因ではないかとされている。

魚の多くは自らが最適とする水温に敏感であるため、海水温度の変化によって分布域が変わっていること、特にサワラのような温かい水を好む魚の分布域が極方向に移動していることが多くの研究によって示されている。

日本でもサワラの北上だけでなく、沖縄県の魚であるグルクン（タカサゴ）が九州北部で大量に捕れるようになり、逆にサンマやサケなど冷たい海を好む魚の漁獲量が大きく減り始めた。これらの現象が温暖化と関連しているとみる意見は少なくない。

二〇〇五年、英イーストアングリア大学などの研究グループが米国の科学誌「サイエンス」に発表した論文によると、世界の主要な漁場の一つである英国東方沖の北海で、過去約二五年間に起こった海水温度の上昇でタラやアンコウ、カレイの分布域が低温の北に移動するなど魚の生態が大きく変化しているという。北緯五一～六二度の北海で三六種類の魚について、一九七七年から二〇〇一年までの漁獲量などを基に分布域を調査。環境変化との関連を解析したところ、タラやカレイの仲間など一五種類の分布の中心部が温度の低い北側などに移動、六種類がより低温の海の深部に移動したことが分かった。北に移動した魚の多くは、成熟するまでの期間が短くなり、平均体重が小さくなる傾向にあった。海水温はこの間に約一℃上昇していたが、この海域の温度は二〇五〇年までにはさらに一～一・五℃上昇すると予測され、カサゴやタラの仲間の中には二〇五〇年ごろに北海からいなくなる可能性が高い魚もあるとされた。

漁獲量減少の予測

温暖化が世界の漁業資源に与える影響の研究に積極的に取り組んでいるのは、先に紹介したブリティッシュコロンビア大学の研究チームだ。彼らは二〇一四年、過去約四〇年間に日本周辺を含む世界の主要漁場で、冷たい海を好む魚の漁獲量が減り、暖かい海を好む魚の漁獲量が増えているとの解析結果を発表し注目された。研究チームは世界の九九〇種の魚について、漁獲高とそれぞれの魚が最も好む海水温のデータとを突き合わせた指数を分析し、世界の主要な漁場五二海域で捕れた魚が好む海水温の全体的な傾向を調べた。数値が大きくなるほど暖かい海を好む魚の比率が高いことを示すこの指数は、一九七〇年から二〇〇六年までほぼ一貫して大きくなる傾向にあることが判明。主要漁場のほとんどで、暖かい海を好む魚の比率が高まる一方、冷たい海を好む魚の漁獲量が減っていることが分かった。東シナ海や日本海、太平洋などの日本周辺でも、イワシやサワラ、ブリなどの主要な分布域が北上していることが確認され、研究グループは「地球温暖化に伴う海水温の上昇で魚の分布が北極、南極側に移ったためと考えられ、温暖化による漁業への影響が世界規模で見え始めている」とした。

温帯域や寒帯域では魚の分布や構成は変わっても漁獲量にそれほど大きな変化はない。深刻な影響を受けるのは主要な漁業資源が高緯度に移動し、そこを埋める魚種がいない熱帯域の漁業だ。研究グループのウィリアム・チェン博士は「熱帯域では既に捕れる魚の種類や量が減る傾向にあり、今後、漁獲量が大幅に減少する可能性が高い」と指摘する。ノルウェーやアイスランドなど北の漁業圏では漁獲量が増えるため、温暖化が南北間の所得格差を拡大させることになる。

チェン博士らはその後「地球温暖化が今のペースで進むと、その影響で世界の漁業が被る損害額は年間一〇〇億ドルに達する可能性がある」とのコンピューターシミュレーションの結果もまとめている。大気中の二酸化炭素濃度の上昇が海水温の上昇や海洋の酸性化、酸素レベルの減少などを通じて漁獲量の減少を招く要素を考慮して七〇種を超える主要な魚種について、各国の漁獲量などのデータを基に解析を行ったところ、漁業が被る損害額は最大で年間一〇〇億ドルに達することが分かったという。影響は熱帯域で大きく、漁業に依存している南太平洋の島国などでは国の経済への打撃や食糧、栄養問題の深刻化などが懸念される。

チェン博士らの解析によると、世界の平均気温が一℃高くなると世界の魚の漁獲量は約三四〇万トン減る。チェン博士は「温室効果ガスの排出量を大幅に減らし「産業革命以来の気温上昇を一・五℃にすることを目指す」というパリ協定の目標を達成することは世界の漁業や海の生態系にとって大きな利益をもたらす」と指摘している。

また、NOAAのグループも、地球温暖化による海水温度上昇が今のペースで続くと、今世紀末には赤道より北の太平洋でメバチマグロやカジキの仲間など、漁業に重要な魚の量が大幅に減るとのシミュレーション結果をまとめている。温暖化による海水温の上昇とそれに伴う一次生産の減少、主要な魚種の生息状況などに与える影響を予測するコンピューターモデルを開発し、温暖化と海の生態系の関連を解析したところ、温暖化の進行につれて一次生産が豊かな海域が減り、魚の餌になる動物プランクトンも減少。現在の漁獲レベルが変わらなくても、二一〇〇年にはメバチマグロの生息量が二〇〇〇年より六〇％、メカジキの量は四〇％減ることが分かった。温暖化の進行が、太平洋の国々の食料事情に大きな影響を与えることを示唆する結果だ。

ＩＰＣＣもこれらの研究成果を基にＳＲＯＣＣの中で、一九五〇年以降、多くの生物が温暖化の進行によってその分布域を変えていることを指摘している。その速度は、回遊域を変えやすい魚では一〇年当たり五二キロ、底生生物などは同二九キロというから、かなりの速度である。

「温暖化の進行と一次生産の減少は生態系全体に影響を与え、海の生物量は今世紀末には一九八六〜二〇〇五年に比べて一五％減少、漁獲可能な魚の量は二〇・五〜二四・一％も減る可能性がある」――、というのがＩＰＣＣの予測だ。進行する地球温暖化は、さまざまな形で人間の食料安全保障にまで悪影響を及ぼすことになりそうだ。

続くサンゴの減少・バリ島(インドネシア)

多くの観光客で賑わうインドネシアのバリ島。小さなボートに乗ってガイドが連れていってくれたのはこの島の人気ダイビングスポットの一つ。たくさんの小舟が波に揺れ、ダイバーたちが水しぶきを上げて海に飛び込む。

色とりどりのサンゴが息づき、カラフルなイソギンチャクが水に揺れる(写真24)。大きな熱帯魚も姿を見せるが、海面を覆うサンゴの面積は広くはなく、砂地にサンゴの死骸が転がる場所もかなり目立つ(写真25)。

サンゴ礁は観光業にとっても漁業にとっても重要だ。世界有数のサンゴ礁が広がる東南アジアの海、「コーラルトライアングル」の一角をなすインドネシア沿岸も世界のサンゴ礁の一二%超を占める有数のサンゴ礁地帯で、その生物多様性は極めて豊かだ。

だが、インドネシアをはじめとする世界のサンゴ礁では、高水温が原因で、サンゴに共生して光合成を行う褐虫藻という植物がサンゴから離れ、残されたサンゴが真っ白になる「白化現象」が深刻化している。ガイドによると、ここ数年、バリ島周辺の、過去には海水温度が比較的低く白化が起こっていなかった場所でも三〇℃を超える高水温が観測されるようになり、サンゴの白化が深刻だという。

「二〇一六年にバリ島の多くのサンゴが、高水温によって白化し、中には死んだサンゴも少なくない。この場所では徐々に回復しつつあるが、昔に比べたらサンゴの量も種類もずっと少なくなった」とガイドの一人が解説する。二〇一二年から一六年の間に、死んだサンゴの比率がほぼ二倍になったエリアもあるという。彼は「サンゴがまったくだめになって、商売ができなくなった友人もいる。海に浮かぶプラスチックごみも増えているし、いつまで観光業が続けられるか不安だね」とつぶやいた。

写真 24　海の生物多様性を支えるサンゴ礁は貴重な生態系だ．2017 年 8 月，バリ島で筆者撮影．

写真 25　近年，バリ島でもサンゴに覆われた海底の面積が減りつつある．2017 年 8 月，筆者撮影．

サンゴのいない海

これまで見てきたように、地球温暖化による高水温や酸素濃度の減少、酸性化、沿岸開発や漁業による破壊、プラスチックや化学物質による海洋汚染などによって海の生態系はさまざまな影響を被ってきた。温暖化や海洋汚染は今後も深刻化するとみられ、その将来は極めて不安だ。中には特に影響を受けやすい生物種や生態系がある。

ＩＰＣＣによれば、ケルプと総称される冷たい海を好むコンブの仲間の大型藻類や藻場、サンゴ礁などが特に気候変動の影響を受けやすい。

ケルプというのはコンブの仲間に属する大型海藻の総称だ。冷たい海を好むコンブは温暖化の影響を受けやすく、米国の西海岸では巨大なケルプの「森」が急減していることが報告されている。

和風のだしなどとして日本人の食卓になくてはならない北海道のコンブは、ホタテ、サケに続く重要な海産物だが、この二〇年間ほどで生産量は半減しており、温暖化との関連を指摘する声もある。

二〇一九年一〇月、北海道大学の須藤健二さんらの研究グループは、北日本に生息する主要なコンブ一一種について、温暖化が進んだときの分布域の変化を予測した研究結果を発表。「温暖化が激しいシナリオでは二〇九〇年代には生息地はほとんど日本からなくなり、温度上昇を低く抑えた場合でも四種類のコンブが日本の海から消えてしまう可能性がある」と指摘した。

熱帯の暖かい海のサンゴも最も影響を受けやすい生物だとされ、産業革命以降の気温上昇が約一℃になった現在の温暖化でも既にさまざまな影響が出ている。

IPCCによれば、産業革命以降の気温上昇を一・五℃に抑えたとしても暖かい海にすむサンゴは大幅に減少し、完全になくなってしまう場所もある。残された場所のサンゴも今日のものとは大きく異なるものになると予想される。気温上昇が二℃、二・五℃とさらに進んだ場合、地球上でサンゴがすめる海はほとんどなくなってしまうという。

地球上の生物多様性の現状に関する科学的知識の評価を行い「生物多様性版のIPCC」とも呼ばれる「生物多様性及び生態系サービスに関する政府間科学政策プラットフォーム（IPBES）」という国際研究組織が二〇一九年五月に発表した地球規模での総合評価報告書は、「気候変動は既に地球上の生態系に影響を及ぼしており、今世紀末の産業革命前と比べた気温上昇を二℃に抑えても、サンゴ礁の面積は一％未満まで縮小し、ほとんどなくなってしまう」との衝撃的な予測結果を示している。

サンゴ礁が人間にもたらしてくれる「生態系サービス」、つまり自然の恵みは非常に大きい。国連環境計画（UNEP）の試算によれば、観光業や漁業、災害被害軽減への貢献などを考慮したサンゴ礁の価値は一平方キロ当たり世界平均で最大六〇万ドルに上るという。UN

EPによると、サンゴ礁には波の力を吸収して津波や浸食から沿岸を守る働きがあり、スリランカでは一平方キロのサンゴ礁が年間に二〇〇〇立方メートルの海岸の浸食を防いでいる。また、サンゴ礁には魚介類をはぐくむ働きがあり、一平方キロにつき年間最大で一五万ドルの漁獲高をもたらすという。これに、観光資源としての価値なども加えるとサンゴ礁の価値は一平方キロ当たり平均で一〇万〜六〇万ドルに達し、観光地として人気のバリ島などがあるインドネシアでは一平方キロ当たり一〇〇万ドルに達すると試算された。

漁業資源のかん養にとっても重要で、沿岸の生態系や人々の暮らしを高潮や暴風雨などの被害から守ってくれるサンゴ礁の消失は、特に発展途上国の沿岸に暮らす人々の生存を脅かすものともなるだろう。

減り続ける沿岸の林

サンゴ礁とともに大きな自然の恵みを人間にもたらしてくれる沿岸の生態系がマングローブ林だ。マングローブは、沿岸の汽水域に自生する塩分に強い常緑植物の総称で、ヒルギなどが代表種で、呼吸をするための気根が特徴的な植物だ(写真26)。

漁業資源のかん養や沿岸を風水害などから守るという効果は、サンゴ礁と共通しており、UNEPの報告書ではその価値は一平方キロ当たり九〇万ドルとサンゴ礁よりも大きい。

だが、マングローブ林は木炭製造やエビの養殖池を造るためなどの開発によって急激に減っている。二〇〇八年にＦＡＯが公表した報告書によると、熱帯から亜熱帯にかけての沿岸域に発達するマングローブ林の二〇%が一九八〇年から二〇〇五年までの間に失われた。ＦＡＯによると、マングローブ林が存在する国は日本を含め少なくとも一二四カ国。インドネシアが三〇六万ヘクタールと最も多く、次いでオーストラリア、ブラジルの順。日本にも八〇〇ヘクタールが存在する。各国のデータを基に推計すると、一九八〇年に一八八〇万ヘクタールあった世界のマングローブ林は、二〇〇五年には一五二〇万ヘクタールにまで減少しており、破壊のペースは熱帯林よりも急速だという。破壊はインドネシア、マレーシア、フィリピンなどアジアで特に深刻で、破壊された面積は全体の半分以上に当たる一九〇万ヘクタールだった。

写真26　フィリピン・パラワン島の減少が著しいマングローブの林. 2007年10月, 筆者撮影.

ただでさえ減少が深刻なマングローブ林は、海水温の上昇や酸素濃度の減少、海面上昇など地球温暖化による複合的な影響で将来的にはさらに少なくなり、二酸化炭素を固定する能力が減少、逆に蓄積されていた炭素が腐食などによって大気中に放出され、温暖化をさらに加速するという「悪循環」を招く危険があることも指摘されている。

海鳥の危機

人間が引き起こす海の生態系の変化は、魚や哺乳類などさまざまな動物にも影響を与えることが懸念されており、ＩＰＣＣも、動物種の分布域の変化や種や、個体数の減少などの可能性を指摘している。これらの動物の中で特に影響を受けやすいものの一つが、一生の多くを海で過ごす「海鳥」の仲間たちだ。

「世界の海鳥の数は一九五〇年から二〇一〇年の間に七〇％近くも減った」――。二〇一五年六月、ブリティッシュコロンビア大学の研究グループはこんなショッキングなデータを報告し、注目された。長期間の観測が続いている三二〇〇カ所を超える繁殖地での調査結果を分析したものだ。

海鳥は生涯の多くを海で過ごす鳥の総称で、国際的な鳥類保護団体「バードライフ・インターナショナル」によると世界には約三五〇種が生息するが、このうち数が減少傾向にある種が全体の四七％あり、増えているのは一七％にとどまる。

絶滅の恐れがあるとされる種は一〇〇種近くで約二八％に上る。これは鳥類全体の一三％を上回り、最も絶滅の危機に立つものが多い動物群の一つとされる。ＩＵＣＮによると、アホウドリは二二種中一五種、ペンギンは一八種中一〇種が絶滅危惧種だ。

はえ縄や定置網などの漁具に混獲されることが海鳥にとって最大の脅威とされ、はえ縄への混獲だけで年間三〇万羽の海鳥が死んでいるとの試算もある。島などの繁殖地に人間が持ち込むネズミやネコなどの外来種も大きな脅威だし、海で急増しているプラスチックを餌と間違えて飲み込むことや沿岸の油流出なども大きな問題だ。地球温暖化によって餌の魚の数や分布が変わることも、海鳥に悪影響を与えると心配されている。

ブリティッシュコロンビア大学のグループは二〇一八年、一九七〇～八九年には五九〇〇万トンだった世界の年平均漁獲量が一九九〇～二〇一〇年には六五〇〇万トンに増えたのに対し、海鳥が食べている魚の量は同期間に年七〇〇〇万トンから同五七〇〇万トンに減ったとの試算を発表した。「魚をめぐる海鳥と人間の競合が激しくなっており、海鳥保護のためには漁業管理の徹底や資源の回復が急務だ」と指摘した。

日本にも伊豆諸島・鳥島のアホウドリやアジサシ、カモメの仲間など三五種類ほどの海鳥が生息する。このうちアホウドリや北海道のエトピリカ、世界でも日本近海にしかいないカンムリウミスズメなど約二〇種が環境省によって絶滅の恐れがあるとされるなど、状況はやはり深刻だ。日本では北海道の天売島《てうりとう》でだけ繁殖が確認されているウミガラスは、一九六〇年代には約八〇〇〇羽と推定されたが、二〇一四年には三五羽が確認されただけだった。混獲や人間が持ち込んだネズミやネコの影響、狩猟など海鳥を追いつめる原因も世界各地と共通している。

環境省は、日本各地で生物の生息状況を調べる「モニタリングサイト１０００」という調査の一環として、民間の協力も得て二五種の海鳥について巣の数の変化などを調べている。調査地点は北海道や京都府、青森、岩手、福岡、沖縄県などにある海鳥の繁殖地になっている全国七七の島だ。

二〇〇四〜〇八年度の第一期と二〇〇九〜一三年度の第二期とで比較可能な一〇種の海鳥のうち、カンムリウミスズメやオオミズナギドリなど七種で、巣の数が減った島が、増えた島を上回った。中でも極めて絶滅の恐れが高いとされるクロコシジロウミツバメの岩手県日出島にある巣穴の数の減少率は五六％、福岡県小屋島のヒメクロウミツバメは同八九％と、いずれも極めて深刻だった。一部で釣りや撮影目的など人間の影響も考えられたが、ネズミやネコの生息が確認されたり、ドブネズミやクマネズミに捕食された鳥の死骸や卵が見つかったりした場所が多く、人間が持ち込んだ捕食者が海鳥の生息に悪影響を与えていることが分かった。

アホウドリなどは、プラスチック汚染の影響を特に受けやすいことは既に紹介した。そして、人間活動によって悪化しつつある多くの海鳥の生息状況を、地球温暖化がさらに悪化させることが心配されている。北半球の高緯度地域にすむツノメドリ、南半球のコウテイペンギン、欧州の多くの海鳥の種で、気候変動がもたらす環境変化や餌になる魚の減少、長い間かけて適応してきた自然のサイクルが変わることによる繁殖率の低下などによって個体数が大きく減少したり、大量死したりという報告が相次いでおり、研究者は懸念を強めている。

◆コラム 海の国勢調査

「海の中にはいったい、どれだけの種類の生物がいるのだろうか?」——。この困難な問題に世界の科学者が共同して挑んだのが、「海洋生物センサス(CoML)」という研究プロジェクトだった。国連などが出資、日本を含む八〇を超える国や地域から約二七〇〇人の科学者が参加して二〇〇〇年から一〇年がかりで行った。さまざまな手法を駆使して、種の多様性と生物の分布、個体数などを可能な限り明らかにすることを目指した。

二〇一〇年に発表された最終結果によると、海の生物種の数は分かっているだけで約二五万種、未発見のものを含めると一〇〇万種を超えるとみられる。このうち確認された海の魚は二〇一〇年二月現在で一万六七六四種。種がはっきりしないものまで含めると、世界の海には約二万一八〇〇種の魚がいるとみられるという。

CoMLは多くの新種も見つけた。二〇〇〇年以降に新種と確認された、微生物を除く海の生物は約一二〇〇種。このほか五〇〇〇種近くの新種とみられる生物が、日本近海を含めた海で見つかった。中には毛むくじゃらのロブスター(写真27)や強力なくちばしを持つイカなども。深海では不気味な顔の魚、ゾウの耳のような形のひれを持つタコ、透明な

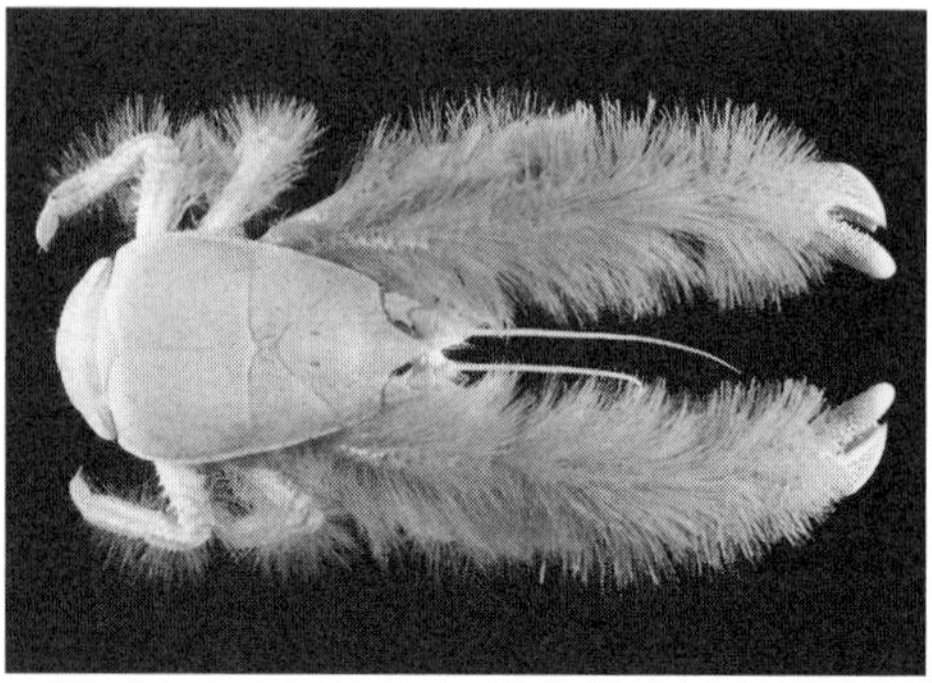

写真27　イースター島南方沖の太平洋で発見された新種とみられる毛むくじゃらのロブスターの一種．海洋生物センサス事務局提供．

ナマコの一種などユニークな生物が確認された。極域の棚氷の下にも多くの生物種が生息していることが分かったが、これらは地球温暖化の影響で絶滅が懸念される。

ＣｏＭＬは、野外調査だけでなく、昔の船の航海記録やレストランのメニュー、保存されている魚の骨や貝塚まで調べる手法で、近代漁業が始まる前の海の状態を推定。漁業活動などが盛んになって以来、サケのように淡水域と海を行き来する魚や深海魚の一部、ウミガメは九五％以上、サメやマグロなどの大型魚の中にも約九〇％も個体数が減った種があるとの結果も報告している。

国際花と緑の博覧会記念協会（大阪市）は、自然と人間の共生に寄与した研究者に贈る「コスモス国際賞」の二〇一一年の受賞者にＣｏＭＬを率いた科学推進委員会（イアン・ポイナー委員長）を選んでいる。

終章　海の価値を見直す

海と人間の将来を左右するもの・COP25(マドリード)

「二一世紀を通じて、温暖化、成層化、酸性化、一次生産の減少や酸素量の減少などによって、海洋は、これまでにない状態に変わってゆくと予想される」——。気候変動に関する政府間パネル(IPCC)は「変化する気候下での海洋・雪氷圏に関する特別報告書(SROCC)」の中で、このように指摘。「持続可能な開発が実現できるかどうかは、緊急、かつ大幅な温室効果ガスの排出削減と気候変動への野心的な適応策がとれるかどうかにかかっている」と続ける。

これまで見てきたように拡大の一途をたどる人間活動によって、海の環境はさまざまな危機に直面している。温室効果ガスによって地球上にたまった熱、大気中に放出された二酸化炭素、日常生活や農業活動から出る過剰な大量のプラスチックごみや窒素。その多くが行き着く先は、海だった。

写真28　マドリードでのCOP25の会場で海に迫る危機的な状況を訴えるIPCC第2作業部会の共同議長を務めるハンス・ポートナー博士．2019年12月，筆者撮影．

われわれが手をこまねいていれば、海の環境はさらに危機的な状態に追いつめられていくだろう。第1章で紹介したＩＰＣＣのハンス・ポートナー博士は、マドリードでの気候変動枠組み条約第二五回締約国会議（ＣＯＰ25）会場でのイベントで、海洋保護区の拡大などを通じて、海の生物多様性を守る努力を続ける一方で、温室効果ガスの排出削減の努力を強めることの重要性を強調し「現在のわれわれの行動が、海と人間の将来を左右する」と訴えた（写真28）。

多くの可能性も

一方で「海の環境破壊は深刻だが、海の持つ潜在能力はまだまだ大きく、環境破壊を食い止め、持続可能な社会を築くための手段の多くが海自体に存在する」——。こう指摘する研究者も少なくない。

米国の環境シンクタンク、世界資源研究所（ＷＲＩ）は、二〇一九年、ＩＰＣＣのＳＲＯＣ

Cの発表と軌を一にして「海に関連する地球温暖化対策には大きな可能性があり、海に着目すれば、大幅な温室効果ガスの排出削減が実現できる」とする調査報告書を発表した。WRIが注目するのは、洋上風力発電や潮力など海を利用した再生可能エネルギーの活用、藻場やマングローブ林、湿地などを保全、拡大して二酸化炭素の吸収量を増やすといった対策などである。魚を養殖で増やして、温暖化への影響が大きい肉食から魚食へのシフトを進めることも温暖化防止に貢献する。WRIは「海を利用したこれらの温暖化対策を拡大することで世界の温室効果ガスを二〇五〇年までに最大一一八億トン削減できる。これは温暖化の被害を最小限に抑えるために必要な削減量の二一%にもなる」と指摘した。

COP25の場でも、カナダ政府や欧州連合(EU)、各国の環境保護団体などで組織する研究グループが「海洋環境の保全策を各国の温暖化対策戦略の中に組み込むことで、これまで以上の排出削減が可能になる」との報告書を発表している。

それでも人は木を植える・モルディブ

第1章の冒頭で紹介したモルディブ。温暖化による海面上昇で国土消失の危機に立つこの国の海岸で、強力な熱帯の日差しの下、小さな入り江の湿地に、マングローブの苗木を植林する四人の女性の姿があった。国連開発計画(UNDP)の支援を受け、ラーム環礁で二〇一三年から続く温暖化対策プロジェクトの参加者だ。その一人、ファスマト・アズマ

写真29 温暖化を防ぎ，海岸を守ろうとマングローブの植林をするモルディブの女性たち. 2017年11月, 筆者撮影.

さんは、植林を始めて三年近くになる。「海辺にあったごみを仲間と一緒に拾い、苗を植えた。マングローブの林が戻れば、高潮や海面上昇から私たちを守ってくれるはず。最近、きれいになった干潟に魚やカニが戻ってきた」と声をはずませる。

プロジェクトの現地リーダーのアフメド・マールーフさんは、モルディブのナショナルサッカーチームのゴールキーパーとして、日本で試合をしたこともある有名選手で、この国で彼を知らない人は少ない。「村の大きな木の下やカフェ、集会場でどれだけ多くの人と話をしたか分からない。四年間それを続けたことで人々は問題を知るようになってきた。自然災害に敏感になり、国土を守るサンゴ礁やマングローブの大切さを知った」と手応えを口にする。マールーフさんは言う。「多くの人に知識を伝えることで変化を起こすことができる。日本の人々もモルディブのような国でさえ、排出を減らすために努力をしているのだということを知ってほしい」と。

青い海と二酸化炭素

海の環境の将来を考えるうえで重要なキーワードは「ブルーカーボン」と「ブルーエコノミー」という言葉だ。ブルーカーボンは、藻場やマングローブ林、沿岸の湿地など、主に沿岸の生態系が蓄積する炭素のことを指す。陸上の植物と同じように、植物プランクトンや海の植物も光合成によって大気中の二酸化炭素を吸収する。吸収された炭素は植物体やその下の土壌の中に蓄積される。陸上の生態系に比べて、この「ブルーカーボン」の研究は進んでおらず、よく分からないことが多い。だが、最近の研究でこれが地球上の炭素の動向を理解するうえで、無視できないものであることが分かってきた。

ある研究によると、マングローブや藻場が二酸化炭素を吸収し、土の中などに炭素を蓄積するスピードは、陸上の森林の一〇〇倍にもなる非常に効率のいい吸収源だとされている。

国連環境計画(UNEP)が二〇一六年に発表した報告書によると、先の三つの生態系は海底の面積のわずか〇・五%足らずを占めるにすぎないが、海底に存在する総炭素量の半分を蓄えている。UNEPは「一年間の吸収量は二億三五〇〇万～四億五〇〇〇万トンで、世界の二酸化炭素排出量の一〇分の一前後にも上る」という。

ブルーカーボンを巡る大きな問題は、既に紹介したようにマングローブや藻場などが開発によって急速に減少していることだ。生態系の破壊はその中に蓄積されていた炭素の放出につながるので、破壊を食い止めれば、その分だけ二酸化炭素の排出量を減らすことができる。ラーム環礁の人々のようにマングローブを増やし、藻場やコンブの森を再生させれば、効率よく二酸化炭素の吸収量を増やすことができる。立派なマングローブが増えれば、海面上昇や暴風雨から土地を守る効果も期待できるし、減少が続く漁業資源にとってもプラスになる。ブルーカーボンに着目して、沿岸の生態系を保全、再生することは一石二鳥、三鳥にもなる取り組みだ。ＷＲＩのグループはこれらの生態系の保全には二〇五〇年までに年間最大で五億～一三・八億トンの二酸化炭素の排出を減らすポテンシャルがあると試算している。

自然の価値を見直す

重要な生態系でありながら、マングローブや沿岸の湿地などの破壊が進んでいることの一因は、これらの生態系が炭素の吸収や微生物による水質浄化、防災、生物多様性の保全や漁業資源のかん養などの貢献をしていることが、きちんと評価されてこなかったためだ。もし、これらの生態系サービス、つまり自然の恵みの価値を経済的に評価したら、その額は巨大なものになるはずだ。海が持つこのような大きな可能性を評価し、それを活用、拡大することで、海の環境破壊を防ぎ、再生しつつ、人間も豊かになっていこうという考え方は、近年、注目されている「ブルーエコノミー」という概念に行き着く。

ブルーエコノミーの重要性が世界的に知られるようになったのはオランダ生まれの環境思

想家・活動家でZero Emissions Research & Initiatives（ZERI：ゼリ）というシンクタンクを主宰するグンター・パウリ氏が二〇一〇年に『ブルーエコノミー』と題する著作を発表したことがきっかけの一つだった。パウリ氏はこの中で、海藻に着目した環境修復など、さまざまな事例を紹介しつつ、海に着目した革新的な取り組みを進めることで環境保全と何百万人もの雇用の創出が可能であると指摘した。

国際的な自然保護団体の世界自然保護基金（WWF）は、国内総生産（GDP）ならぬ海洋総生産（GMP）という値を提案し、ブルーエコノミーが毎年産み出すGMPは二兆五〇〇〇億ドルになると試算した。そしてGMPを産み出す基になる海の総資産は、少なくとも二四兆ドルにもなるとしている。海の漁業やマングローブ、サンゴ礁などの価値が六兆九〇〇〇億ドル、二酸化炭素の吸収が四兆三〇〇〇億ドル、観光など沿岸の生態系の活用から生まれる価値が七兆八〇〇〇億ドルといった具合で、GMPの大きさを各国のGDPと比較すれば、世界七位の規模になるという。

WWFは、強力な気候変動対策、漁業資源の保護と回復を目指す取り組み、海洋保護区の拡大など海の資産を守るための八つの行動を提案、マルコ・ランベルティーニ事務局長は「今以上の海の環境破壊を避け、われわれの暮らしを支える海の環境を再建するためにすべての人が今、行動を起こすことが重要だ」と述べている。

大転換へ

日本ではまだあまり知られていない概念だが、海の持続可能な利用の実現を含む、一七項目の新たな国際的な開発目標「持続可能な開発目標（ＳＤＧｓ）」が二〇一五年に採択されたこともあって、ブルーエコノミーへの関心は高まっている。経済協力開発機構（ＯＥＣＤ）は、ブルーエコノミー関連の市場規模は二〇一〇年の一・五兆ドルから三〇年には三兆ドルに倍増すると予測している。洋上風力発電や潮力、波力、さらには海洋の表層と深層部の温度の違いを利用した海洋温度差発電などもブルーエコノミーの重要な構成要素だ。ＷＲＩによると、海の自然エネルギーを拡大させることで、二〇五〇年までに年間最大で五四億トンの二酸化炭素の排出削減が可能になると見込まれる。今後の急成長が期待され、雇用創出にも貢献するという。

二〇一八年にはケニアのナイロビで「持続可能なブルーエコノミー会議」が開かれ、ブルーエコノミーを拡大し、アフリカの貧困廃絶と持続可能な発展に貢献するための方策に関する議論が交わされた。

二〇一九年八月、横浜市で開かれたアフリカ開発会議（ＴＩＣＡＤ）でもブルーエコノミーが主要テーマの一つとされた。関連のサイドイベントに登場したパウリ氏は、沿岸にカーテンを張り巡らすように海藻を養殖し、マイクロプラスチックを吸着させ、海藻と一緒に海から取り出す、というアイディアを紹介した。集めた海藻からプラスチックを除去した後で、海藻からバイオガスをつくってエネルギーに利用すれば、プラスチック汚染対策と温室効果ガスの削減が両立できる、というアイディアだ。これはモロッコで進めていた海藻養殖プロジェクトで、マイクロプラスチックを吸着した海藻の成長率が低下することに気付いたのがきっかけだったという。パウリ氏が強調するのは、貧しい発展途上国を含めた地域社会の持続的な発展に貢献するブルーエコノミーのモデルをつくることの大切さだ。

だが、ブルーエコノミーの考え方に基づいて、海の資源の持続可能な利用を実現することは、そう簡単なことではない。本書の中で述べてきたように、人類は、GMPの基礎になる海の環境を破壊し続けてきたし、今後も、それを続けようとしている。われわれは今、この瞬間にも海に多くのごみを出し続け、大気中に大量の二酸化炭素を出し続けている。主要国の政治家の耳には、海面上昇に苦しむモルディブの人々の声は届きにくいし、生息環境の悪化に苦しむ多くの海洋生物はそもそも、声を上げることすらできないからだ。

持続可能なブルーエコノミー社会の実現には、海の環境が持つ価値を軽視し続けてきたこれまでの社会や経済のシステムを根本から転換することが必要となるし、そのためには強い覚悟と政治的な意志が必要になる。これは簡単なことではないが、人類の将来にとってはぜひとも実現しなければならない課題だ。そして、本書で紹介した多くの事例が示すように、大転換を実現するためにわれわれに残された時間は多くはない。

あとがき

マドリードでの気候変動枠組み条約第二五回締約国会議（COP25）は「ブルーCOP」と呼ばれた。議長国チリの意向で、「気候変動と海の関連」を主要テーマの一つとすることになったからだ。この会場で、海の環境保全に長い間取り組んできた米国の海洋生物学者と再会する機会があった。彼女の名はシルビア・アール博士。海洋の研究と保護を呼び掛ける活動に長く関わり、米海洋大気局（NOAA）のチーフサイエンティストのポジションに女性として初めて就いたことでも知られる。八四歳になった今も、各地の海に潜り、海の環境保護の重要性を訴える希有な研究者だ。

写真 30　米国の著名な海洋生物学者，シルビア・アール博士と筆者．2019 年 12 月，マドリードでの COP25 にて．

「長い間、人々は、海はあまりに大きく、それを変えることなどできないと思ってきた。でもてれは誤りだった。人類は自らの生存の基盤である海の環境をだめにし続けている。気候変動は海にとっての大きな脅威だ」――。アール博士は前年、チリのパタゴニアの海に潜った時の映像を紹介しながら、イベントで海の保全対策を強化することの重要性を訴えた。

過去三〇年以上、環境問題の取材にライフワークとして取り組む中で、アール博士やカナダのダニエル・ポーリー博士、海洋研究開発機構の白山義久さん、高田秀重教授をはじめとする多くの海の研究者や海の環境保全に取り組む人々に出会い、海の環境破壊の現場やそれを防ごうとする人々の取り組みをこの目で見てきた。各地での現場取材の経験を基に、海の環境が置かれた危機的な状況をさまざまな角度から紹介したい、と考えたのが本書を執筆した動機だった。

海の環境は危機的な状況にあるのだが、それは陸上の環境破壊に比べて、とても目に見えにくい。ケルプの森や藻場の減少、白化したサンゴ、海流によって集まる大量のプラスチックごみなどは、一般の人の目にはなかなか見えない。漁業資源の減少は危機的な状況にある、といわれながら、今でも市場やスーパーの店頭には大量の魚介類が並び、クロマグロやミナミマグロ、ウナギなどの絶滅危惧種が多くの人の食卓に上っているのだから、漁業資源の危機を実感することも容易ではない。海が直面する危機を回避し、破局的な影響が現れることを防ぐには、まず、多くの人が海の環境の現状や将来予測について目を向け、理解することが第一歩となる。本書がそれに少しでも貢献できればいいと思っている。

本書をまとめることができたのは取材で出会った多くの人々の協力や示唆、教えがあったからにほかならない。また、本書執筆の機会を与えてくれるとともに、鋭いコメントをくれた岩波書店自然科学書編集部の彦田孝輔さんと田中太郎さんなしには、本書を世に出すことはできなかった。この場を借りてお礼を申し上げる。最後になったが、筆者のわがままな行動を常に温かく見守ってくれている共同通信社科学部と編集委員室の方々や家族を含め、お世話になっている多くの方々にもこの場を借りて感謝の意を示したい。

二〇二〇年一月

井田徹治

参考文献

Because the Ocean, *Ocean for Climate*, 2019.

Breitburg, D., Levin, L. A., Oschlies, A., et al., Declining oxygen in the global ocean and coastal waters, *Science*, **359**(6371), eaam7240, 2018.

Bylenga, C. H., Cummings, V. J., & Ryan, K. G., High resolution microscopy reveals significant impacts of ocean acidification and warming on larval shell development in *Laternula elliptica*, *PLOS ONE*, **12**(4), e0175706, 2017.

Cheung, W. W. L., Reygondeau, G., & Frölicher, T. L., Large benefits to marine fisheries of meeting the 1.5℃ global warming target, *Science*, **354**(6319), 1591–1594, 2016.

Diaz, R. J., & Rosenberg, R., Spreading dead zones and consequences for marine ecosystems, *Science*, **321**(5891), 926–929, 2008.

Eyre, B. D., Cyronak, T., Drupp. P., et al., Coral reefs will transition to net dissolving before end of century, *Science*, **359**(6378), 908–911, 2018.

FAO, *The State of World Fisheries and Aquaculture 2018*, 2018.

FAO, *Impacts of Climate Change on Fisheries and Aquaculture*, 2018.

FAO, *Sustainable Fisheries and Aquaculture for Food Security and Nutrition*, 2014.

Froese, R., Winker, H., Coro., G., et al., Estimating stock status from relative abundance and resilience, *ICES Journal of Marine Science*, **77**(2), 527–538, 2020.

Frölicher, T. L., Fischer, E. M., & Gruber, N., Marine heatwaves under global warming, *Nature*, **560**, 360–364, 2018.

Ganapathiraju, P., Pitcher, T. J., & Mantha, G., Estimates of illegal and unreported seafood imports to Japan, *Marine Policy*, **108**, 103439, 2019.

Hennige, S. J., Roberts, J. M., & Williamson, P. (Eds.), *An updated synthesis of the impacts of ocean acidification on marine biodiversity* (CBD Technical Series No. 75), Secretariat of the Convention on Biological Diversity, 2014.

IAP, *IAP Statement on Ocean Acidification*, 2009.

Inman, M., Fish moved by warming waters, *Science*, **308**(5724), 937, 2005.

IPCC, *Special Report on the Ocean and Cryosphere in a Changing Climate*, 2019.

Ishizu, M., Miyazawa, Y., Tsunoda, T., & Ono, T., Long-term trends in pH in Japanese coastal seawater, *Biogeosciences*, **16**, 4747–4763, 2019.

Isobe, A., Uchida, K., Tokai, T., & Iwasaki, S., East Asian seas: A hot spot of pe-

lagic microplastics, *Marine Pollution Bulletin*, **101**(2), 618–623, 2015.

IUCN, *Ocean Deoxygenation: Everyone's Problem*, 2019.

Jamieson, A. J., Brooks, L. S. R., Reid, W. D. K., et al., Microplastics and synthetic particles ingested by deep-sea amphipods in six of the deepest marine ecosystems on Earth, *Royal Society Open Science*, **6**(2), 2019.

環境省自然環境局生物多様性センター，平成 30 年度 モニタリングサイト 1000 海鳥調査報告書，2019.

気象研究所・東京大学大気海洋研究所・国立環境研究所・(一財)気象業務支援センター，平成 30 年 7 月の記録的な猛暑に地球温暖化が与えた影響と猛暑発生の将来見通し，2019.

Marine Heatwaves International Working Group, Marine Heatwaves Explained (http://www.marineheatwaves.org/all-about-mhws.html).

Moore, J. K., Fu, W., Primeau, F., et al., Sustained climate warming drives declining marine biological productivity, *Science*, **359**(6380), 1139–1143, 2018.

Oliver, E. C. J., Donat, M. G., Burrows, M. T., et al., Longer and more frequent marine heatwaves over the past century, *Nature Communications*, **9**, 1324, 2018.

Pauly, D., Christensen, V., Dalsgaard, J., et al., Fishing down marine food webs, *Science*, **279**(5352), 860–863, 1998.

Peeken, I., Primpke, S., Beyer, B., et al., Arctic sea ice is an important temporal sink and means of transport for microplastic, *Nature Communications*, **9**, 1505, 2018.

Ramírez, F., Afán, I., Davis, L. S., & Chiaradia, A., Climate impacts on global hot spots of marine biodiversity, *Science Advances*, **3**(2), e1601198, 2017.

Roxy, M. K., Modi, A., Murtugudde, R., et al., A reduction in marine primary productivity driven by rapid warming over the tropical Indian Ocean, *Geophysical Research Letters*, **43**(2), 826–833, 2016.

Smale, D. A., Wernberg, T., Oliver, E. C. J., et al., Marine heatwaves threaten global biodiversity and the provision of ecosystem services, *Nature Climate Change*, **9**, 306–312, 2019.

Sudo, K., Watanabe, K., Yotsukura, N., & Nakaoka, M., Predictions of kelp distribution shifts along the northern coast of Japan, *Ecological Research*, **35**(1), 47–60, 2020.

水産庁，令和元年度我が国周辺水域の水産資源に関する評価結果の公表について，2020.

Sumaila, U. R., Cheung, W. W. L., & Lam, V. W. Y., Climate change effects on

the economics and management of marine fisheries, Nunes, P. A. L. D., Kumar, P., & Dedeurwaerdere, T.(Eds.), *Handbook on the Economics of Ecosystem Services and Biodiversity*, Edward Elgar Publishing, 2014.

UENP, *Emission Gap Report 2019*, 2019.

UNEP, *Single-Use Plastics: A Roadmap for Sustainability*, 2018.

UNEP, *Coral Bleaching Futures*, 2017.

UNEP, *Blue Economy: Sharing Success Stories to Inspire Change*, 2017.

UNEP, *Blue Carbon: The Role of Healthy Oceans in Binding Carbon*, 2009.

UNEP, *GEO year book 2004/5: An overview of our changing environment*, 2005.

UNEP–WCMC, *In the Front Line: Shoreline Protection and other Ecosystem Services from Mangroves and Coral Reefs*, 2006.

Wilcox, C., Sebille, E. V., & Hardesty, B. D., Threat of plastic pollution to seabirds is global, pervasive, and increasing, *Proceedings of the National Academy of Sciences*, **112**(38), 11899–11904, 2015.

Williams, C. R., Dittman, A. H., McElhany, P., et al., Elevated CO_2 impairs olfactory-mediated neural and behavioral responses and gene expression in ocean-phase coho salmon(*Oncorhynchus kisutch*), *Global Change Biology*, **25**(3), 963–977, 2019.

Winner, C., The Socioeconomic Costs of Ocean Acidification, *Oceanus*, 2010.

World Bank, *The Potential of the Blue Economy: Increasing Long-term Benefits of the Sustainable Use of Marine Resources for Small Island Developing States and Coastal Least Developed Countries*, 2017.

WRI, *The Ocean as a Solution for Climate Change: 5 Opportunities for Action*, 2019.

WWF, *Reviving the Ocean Economy: The Case for Action*, 2015.

Yamamoto-Kawai, M., McLaughlin, F. A., Carmack, E. C., et al., Aragonite undersaturation in the Arctic Ocean: Effects of ocean acidification and sea ice melt, *Science*, **326**(5956), 1098–1100, 2009.

Yamashita, R., Takada, H., Nakazawa, A., et al., Global Monitoring of Persistent Organic Pollutants(POPs)Using Seabird Preen Gland Oil, *Archives of Environmental Contamination and Toxicology*, **75**(4), 545–556, 2018.

Yara, Y., Vogt, M., Fujii, M., et al., Ocean acidification limits temperature-induced poleward expansion of coral habitats around Japan, *Biogeosciences*, **9**, 4955–4968, 2012.

井田徹治
1959年12月，東京生まれ．1983年，東京大学文学部卒業，共同通信社に入社．本社科学部記者，ワシントン支局特派員(科学担当)を経て，現在は編集委員．環境と開発の問題がライフワークで，多くの国際会議を取材．
著書に『ウナギ　地球環境を語る魚』，『生物多様性とは何か』，『グリーン経済最前線』(共著)，『霊長類　消えゆく森の番人』(以上，岩波新書)，『鳥学の100年』(平凡社)など．

岩波科学ライブラリー 294
追いつめられる海

2020年4月9日　第1刷発行
2021年7月15日　第2刷発行

著　者　井田徹治《いだてつじ》

発行者　坂本政謙

発行所　株式会社 岩波書店
〒101-8002 東京都千代田区一ツ橋2-5-5
電話案内 03-5210-4000
https://www.iwanami.co.jp/

印刷・理想社　カバー・半七印刷　製本・中永製本

ISBN 978-4-00-029694-6　　Printed in Japan

●岩波科学ライブラリー〈既刊書〉

298 三上 修
電柱鳥類学
スズメはどこに止まってる?
定価一四三〇円

電柱といえば鳥、電線といえば鳥。でも、そこで何をしているの? カラスは「はじっこ派」? 感電しないのはなぜ?――あなたの街にもきっとある、鳥と電柱、そして人のささやかなつながりを、第一人者が描き出す。

299 乾 敏郎、阪口 豊
脳の大統一理論
自由エネルギー原理とはなにか
定価一五四〇円

脳は推論するシステムだ! 神経科学者フリストンは、「自由エネルギー原理」によって知覚、認知、運動、思考、意識など脳の多様な機能を統一的に説明する理論を提唱した。注目の理論を解説した初の入門書。

300 阿部修士
あなたはこうしてウソをつく
定価一四三〇円

なぜウソをつく? ウソを見抜く方法はある? ウソをつきやすい人はいる? ウソをつきやすい状況は? ウソをつくとき脳で何が起きている? 人は元来ウソつきなのか、正直なのか? 心理学と神経科学の最新知見を紹介。

301 井田徹治
次なるパンデミックを回避せよ
環境破壊と新興感染症
定価一四三〇円

人間が引き起こしてきた環境問題が、近年加速している動物由来感染症のパンデミックの背景にある。その関連性を、著者自身のルポや最新の研究報告、識者の発言を交えて解き明かし、正しい未来を作り直す術を提言する。

302 谷口 隆
子どもの算数、なんでそうなる?
定価一五四〇円

子どもの突拍子もない発想や間違いの奥には何があるのだろう。数学者である父親が、わが子と算数を考えることを楽しみながら、子どもの頭の中で何が起きたのかを推理する。学びとは何かを深く問いかけるエッセイ。

定価は消費税一〇%込みです。二〇二一年七月現在